# Aufgaben zur Elektrotechnik für Maschinenbauer

Von Prof. Dr.-Ing. Michael Kortstock
und Prof. Dr.-Ing. Gisbert Wermuth
Fachhochschule München

2., überarbeitete Auflage

222 Aufgaben mit Lösungen
und zahlreichen Abbildungen

B. G. Teubner Stuttgart 1997

Die Deutsche Bibliothek – CIP-Einheitsaufnahme

**Kortstock, Michael:**
Aufgaben zur Elektrotechnik für Maschinenbauer :
222 Aufgaben mit Lösungen / von Michael Kortstock
und Gisbert Wermuth. – 2., überarb. Aufl. –
Stuttgart : Teubner, 1997
    ISBN 978-3-519-16327-5      ISBN 978-3-322-96773-2 (eBook)
    DOI 10.1007/978-3-322-96773-2



Gesamtherstellung: Präzis-Druck GmbH, Karlsruhe
Umschlaggestaltung: Peter Pfitz, Stuttgart

# Vorwort

Bei der Elektrotechnik-Ausbildung in den Studiengängen Fahrzeugtechnik und Maschinenbau an der Fachhochschule München haben wir immer wieder festgestellt, daß die Studierenden nach mehr Übungsaufgaben verlangen, um den Lehrstoff an Beispielen einzuüben. Die in den Lehrbüchern angeführten Beispielaufgaben reichen nicht aus. Das vorliegende Buch soll diese Lücke füllen und zusätzliche Übungsmöglichkeiten bereitstellen.

Zu jedem Teilgebiet wurden Aufgaben mit verschiedenen Problemstellungen ausgewählt. Die Kapitel sind so aufgeteilt, daß dem Übenden im ersten Teil die Grundlagen eines Teilgebietes anhand typischer Musteraufgaben nahegebracht werden. Der zweite Teil behandelt dann jeweils technische Anwendungen, mit denen ein Maschinenbau- oder Fahrzeugingenieur in der Praxis konfrontiert werden könnte.

Die Lösungen zu den Aufgaben sind knapp gehalten, aber doch so ausführlich, daß sich die Lösungsansätze und die Gedankengänge ohne zusätzlichen erläuternden Text nachvollziehen lassen. Lösungen zu Aufgaben, die erfahrungsgemäß besondere Schwierigkeiten bereiten - z.B. die Aufgaben zur Wechselstromtechnik - sind etwas ausführlicher kommentiert.

Es läßt sich über die Frage diskutieren, ob man Studenten des Maschinenbaues und der Fahrzeugtechnik die komplexe Berechnung von Wechselstromkreisen zumuten soll. Wir meinen, daß diese Methode eine so elegante analytische Lösung von Wechselstromaufgaben erlaubt, daß man nicht auf sie verzichten sollte, zumal sie ja auch auf mechanische Schwingungsprobleme angewandt werden kann. Trotzdem bieten wir bei allen Wechselstromaufgaben neben der komplexen Rechnung eine grafische Lösungsmethode (Zeigerdiagramm) an.

Im Gegensatz zu manchen Lehrbüchern verwenden wir in den Lösungen ausschließlich Klemmenspannungen. EMK oder ähnliche Begriffe könnten nur zur Verwirrung bei den Vorzeichen führen.

Da sich die Art der Aufgabenstellung und die Darstellung der Lösungen im praktischen Lehrbetrieb an der FH München bewährt haben, ist die zweite Auflage bis auf geringfügige textliche Änderungen und das Ausmerzen von Druckfehlern gegenüber der ersten unverändert geblieben. Für Kritik und Vorschläge zur Verbesserung von Aufgaben und Darstellungen sind die Autoren jederzeit dankbar.

München, Juli 1997   M. Kortstock, G. Wermuth

# Inhaltsverzeichnis

## Teil 1: Aufgaben

## 1 Gleichstrom

### Grundlagen



### Technische Anwendungen



## 2 Elektrisches Feld

### Grundlagen



### Technische Anwendungen

# 5     Drehstrom

## Grundlagen



## Technische Anwendungen



# 6     Nichtlineare Bauelemente

## Teil 2: Lösungen

### Lösungen zu 1 (Gleichstrom)

#### Grundlagen



#### Technische Anwendungen



### Lösungen zu 2 (Elektrisches Feld)

#### Grundlagen



#### Technische Anwendungen

# Lösungen zu 3 (Magnetisches Feld)

## Grundlagen



## Technische Anwendungen



# Lösungen zu 4 (Wechselstrom)

## Grundlagen



## Technische Anwendungen

## Anhang A: Formelsammlung



## Anhang B: Natur- und Materialkonstanten



## 

## 

# 1 Gleichstrom

## Grundlagen

### 1.1 Spezifischer Widerstand, Stromdichte

1.1.1 Berechnen Sie den Widerstand R eines Kupferdrahtes mit der Länge $l = 10$ m und dem Querschnitt $A = 1,5$ mm$^2$ (spezifischer Widerstand $\varrho_{Cu} = 1,79 \cdot 10^{-8}$ $\Omega$m).

1.1.2 Wie hoch ist die Stromdichte S, wenn durch diesen Draht ein Strom $I = 10$ A fließt?

1.1.3 Welchen Widerstand R hat ein Aluminiumdraht mit gleicher Länge und gleichem Querschnitt ($\varrho_{Al} = 2,6 \cdot 10^{-8}$ $\Omega$m)?

### 1.2 Temperaturabhängigkeit eines Widerstandes

Ein Kupferdraht mit den folgenden Daten: $l = 5$ m, $A = 2,5$ mm$^2$, $\varrho_{Cu} = 1,79 \cdot 10^{-8}$ $\Omega$m, $\alpha = 3,9 \cdot 10^{-3}$ K$^{-1}$ erreicht eine Betriebstemperatur $\vartheta = 70°$ C.

Um wieviele Prozent ändert sich sein Widerstand bei dieser Temperatur gegenüber dem kalten Zustand ($\vartheta = 20°$ C)?

### 1.3 Zusammenfassen von Widerständen

Berechnen Sie die Gesamtwiderstände der nachfolgenden Schaltungen ($R_1 = 56$ $\Omega$, $R_2 = 33$ $\Omega$, $R_3 = 68$ $\Omega$, $R_4 = 100$ $\Omega$).

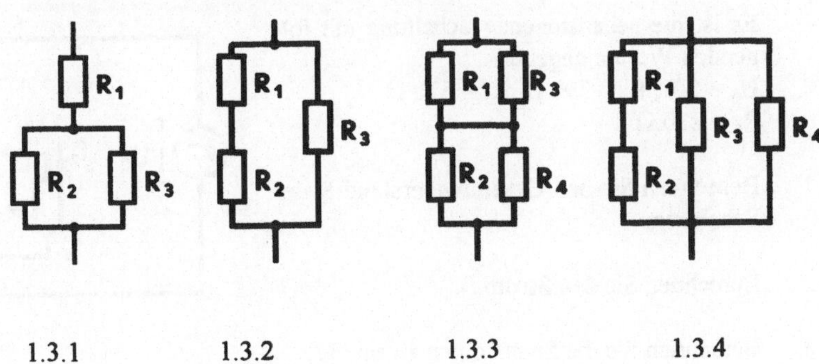

2

## 1.4 Spannungsteiler

Es ist die nebenstehende Spannungsteiler-Schaltung mit folgenden Werten gegeben:
$U_0 = 24$ V, $R_1 = 3{,}3$ kΩ, $R_2 = 4{,}7$ kΩ.

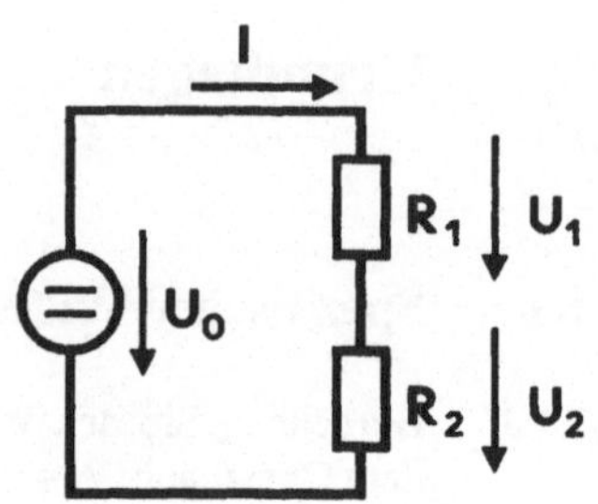

1.4.1 Berechnen Sie die an den beiden Widerständen abfallenden Spannungen $U_1$ und $U_2$.

1.4.2 Welcher Strom I fließt durch die beiden Widerstände?

1.4.3 Welche Leistungen $P_1$ und $P_2$ nehmen die beiden Widerstände auf?


## 1.5 Stromteiler

Es ist die nebenstehende Stromteiler-Schaltung mit folgenden Werten gegeben:
$U_0 = 24$ V, $R_1 = 2{,}7$ kΩ, $R_2 = 5{,}6$ kΩ.

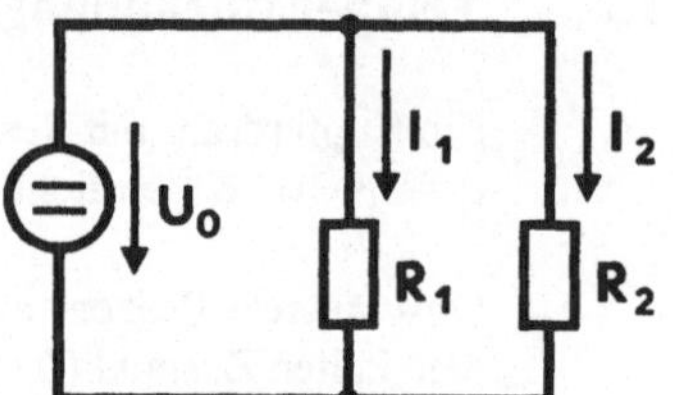

1.5.1 Berechnen Sie den Gesamtleitwert G der Schaltung.

1.5.2 Berechnen Sie die Ströme $I_1$ und $I_2$ durch die beiden Widerstände.


## 1.6 Stromkreis mit Spannungs- und Stromteiler

Es ist die nebenstehende Schaltung mit folgenden Werten gegeben:
$U_0 = 6$ V, $R_1 = 390$ Ω, $R_2 = 470$ Ω, $R_3 = 220$ Ω.

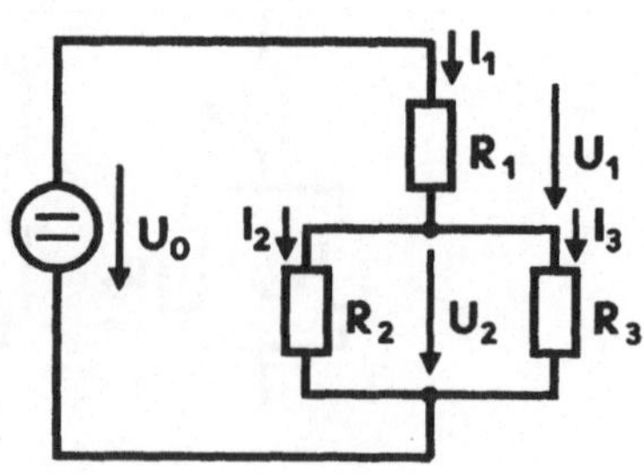

1.6.1 Berechnen Sie den Gesamtwiderstand R der Schaltung.

1.6.2 Berechnen Sie den Strom $I_1$.

1.6.3 Berechnen Sie die Spannungen $U_1$ und $U_2$.

1.6.4 Berechnen Sie die Ströme $I_2$ und $I_3$.

## 1.7 Leistungsberechnung an Gleichstromverbrauchern

Es ist die nebenstehende Schaltung mit folgenden Werten gegeben:
$U_0 = 10$ V, $R_i = 33$ $\Omega$, $R_a = 47$ $\Omega$.

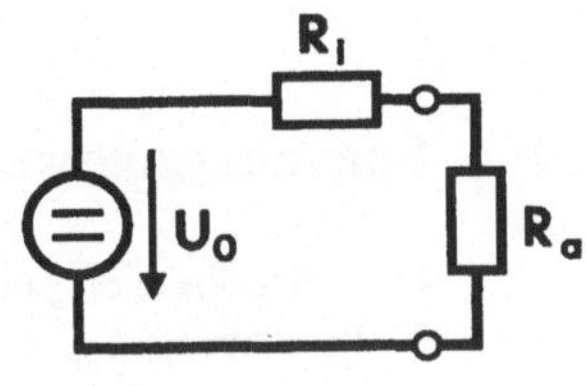

1.7.1 Berechnen Sie die von der Spannungsquelle abgegebene Leistung $P_0$, die im Verbraucher umgesetzte Leistung $P_a$ und die im Innenwiderstand $R_i$ umgesetzte Leistung $P_i$.

1.7.2 Ermitteln Sie den Wirkungsgrad $\eta$ der Leistungsabgabe.

1.7.3 Welchen Wert muß $R_a$ haben, damit in ihm die vom aktiven Zweipol maximal abgebbare Leistung $P_{max}$ umgesetzt wird? Wie hoch ist diese Leistung $P_{max}$?

## 1.8 Ersatzschaltbilder von Zweipolen

Für die gezeichneten Schaltungen ist je ein Spannungsquellen-Ersatzschaltbild aufzustellen. Ermitteln Sie jeweils $U_q$, $R_i$ und $I_k$.
($U_0 = 12$ V, $R_1 = 4,7$ k$\Omega$, $R_2 = 6,8$ k$\Omega$, $R_3 = 3,3$ k$\Omega$).

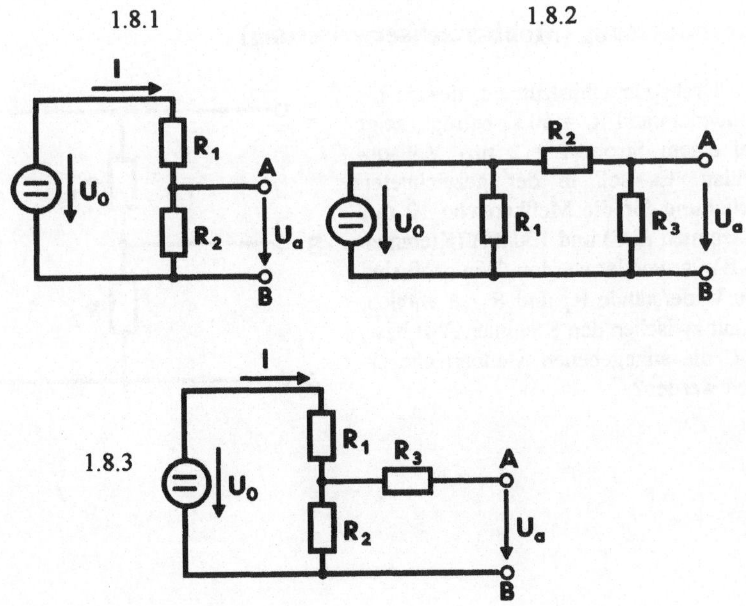

# Technische Anwendungen

## 1.9    Spannungsmessung (Meßbereichserweiterung)

Der Meßbereich eines Voltmeters mit Vollausschlag $U_m = 1$ V soll, wie nebenstehend gezeichnet, durch die Widerstände $R_1$ und $R_2$ so erweitert werden, daß in der Stellung 2 des Umschalters S Spannungen ($U_e$) bis 10 V und in Stellung 3 Spannungen bis 100 V gemessen werden können. Der Innenwiderstand des Voltmeters beträgt $R_i = 5$ kΩ.

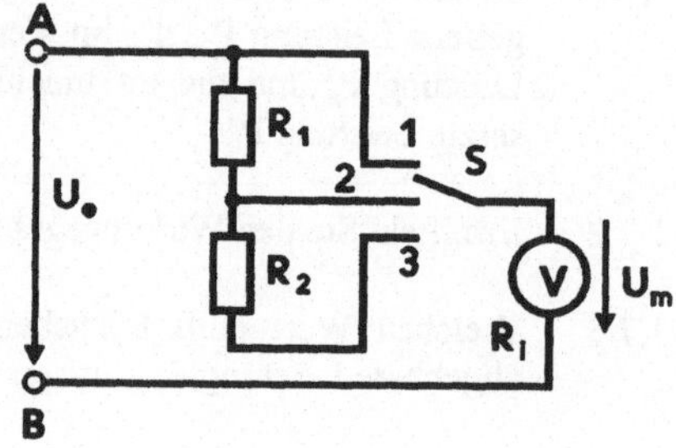

**1.9.1**    Berechnen Sie $R_1$ und $R_2$.

**1.9.2**    Welchen Widerstand hat die gesamte Meßschaltung in den drei Meßbereichen von den Klemmen A-B aus gesehen.

## 1.10    Strommessung (Meßbereichserweiterung)

Ein Drehspulmeßinstrument, dessen Innenwiderstand $R_i = 50$ Ω beträgt, zeigt bei einem Strom $I = 2$ mA Vollausschlag. Es soll in der gezeichneten Schaltung für die Meßbereiche 10 mA (Klemmen A-C) und 100 mA (Klemmen A-B) verwendet werden. Wie groß sind die Widerstände $R_1$ und $R_2$ zu wählen, damit zwischen den Klemmen A-B bzw. A-C die angegebenen Meßbereiche erzielt werden?

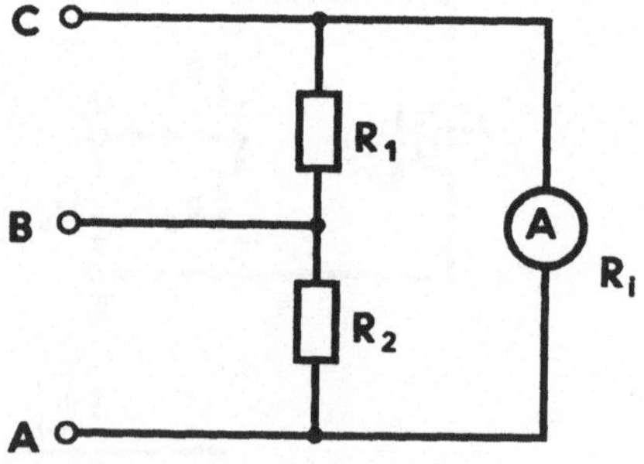

## 1.11 Spannungsversorgung einer Lampe

In einem Fahrzeug mit einer Bordspannung $U_B = 12$ V soll eine Leselampe mit folgenden Daten betrieben werden: Lampenspannung $U_L = 6$ V, Lampenleistung $P_L = 12$ W. Die Anpassung der Lampe an das Bordnetz soll mit einem Spannungsteiler, bestehend aus $R_1$ und $R_2$, vorgenommen werden.

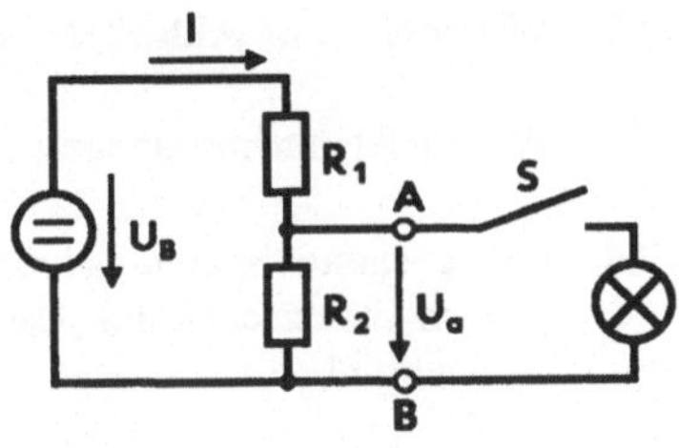

1.11.1 Bestimmen Sie die Spannungsteilerwiderstände so, daß die Ausgangsspannung $U_a$ bei ausgeschalteter Lampe 7 V und bei eingeschalteter Lampe 6 V beträgt.

1.11.2 Beim Einschalten der Lampe beträgt der Widerstand $R_{kalt}$ des kalten Glühfadens nur 1/7 des Wertes im heißen Zustand. Welcher maximale Lampenstrom $I_{max}$ fließt kurzzeitig beim Einschalten?

1.11.3 Welchen Widerstand $R_L$ müßte eine Glühlampe im heißen Zustand haben, damit dem unter 1.11.1 dimensionierten Spannungsteiler maximale Wirkleistung entnommen werden kann?

## 1.12 Spannungsversorgung eines Meßgerätes

Ein tragbares Meßgerät, ersatzweise dargestellt durch den Widerstand $R_L = 250$ $\Omega$, wird durch die skizzierte Spannungsversorgung gespeist. Sie besteht aus einem Netzgerät (Quellenspannung $U_{q1} = 7{,}5$ V, Innenwiderstand $R_{i1} = 5$ $\Omega$) sowie aus einem parallelgeschalteten Akkumulator (Quellenspannung $U_{q2} = 5{,}6$ V, Innenwiderstand $R_{i2} = 20$ $\Omega$).

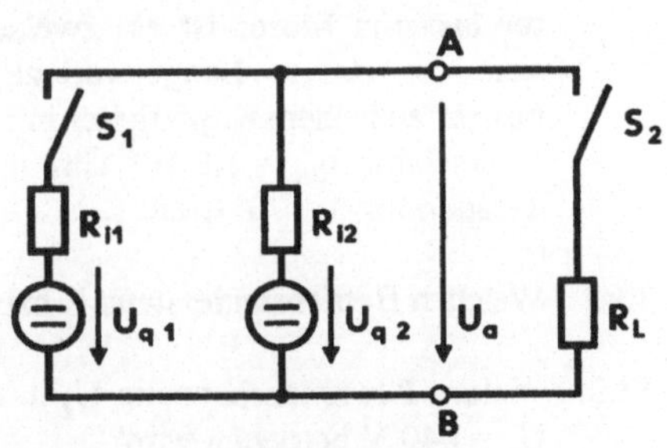

Es gibt drei Betriebsarten:

- **Ladebetrieb:** $S_1$ ist geschlossen, $S_2$ geöffnet, das Netzgerät lädt den Akku.
- **Akk** $S_1$ ist geöffnet, $S_2$ geschlossen, der Akku speist den Verbraucher.
- **Pufferbetrieb:** beide Schalter $S_1$ und $S_2$ sind geschlossen, das Netzgerät speist den Verbraucher und lädt den Akku.

6

1.12.1 Mit welcher Stromstärke $I_L$ wird der Akku im **Ladebetrieb** geladen?

1.12.2 Wie hoch ist im **Akkubetrieb** der Strom $I_a$ durch den Verbraucher?

1.12.3 Welche Klemmenspannung $U_a$ stellt sich im **Akkubetrieb** ein?

1.12.4 Die gesamte Spannungsversorgung soll im **Pufferbetrieb** durch ein Spannungs-quellen-Ersatzschaltbild dargestellt werden. Ermitteln Sie die Ersatz-Quellen-spannung $U_{q0}$.

1.12.5 Berechnen Sie im **Pufferbetrieb** den Ersatz-Innenwiderstand $R_{i0}$ der Spannungsver-sorgung.

1.12.6 Wie hoch ist der Verbraucherstrom $I_a$ im **Pufferbetrieb?**

1.12.7 Welche Klemmenspannung $U_a$ stellt sich im **Pufferbetrieb** ein?

1.12.8 Mit welcher Stromstärke $I_L$ wird der Akku im **Pufferbetrieb** geladen?

## 1.13 Speisung eines Gleichstrommotors

Ein Gleichstrommotor benötigt bei Spitzen-belastung eine Spannung $U_m$ = 440V bei einem Strom I = 150 A. Vom speisenden Gleichrich-ter bis zum Motor ist ein zweiadriges Kabel von l = 100 m Länge verlegt. Jede Ader besteht aus einem Kupferleiter mit A = 70 mm²

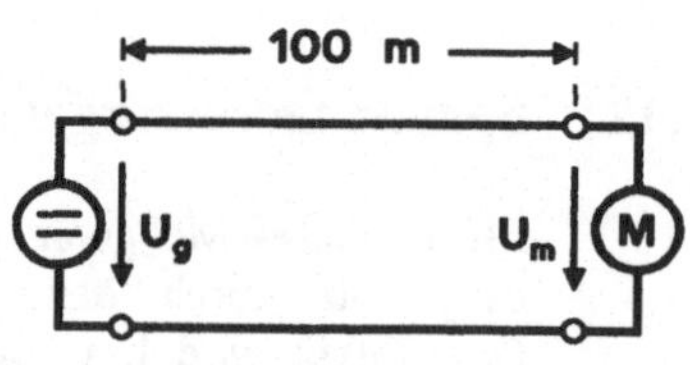


Querschnitt, $\varrho_{Cu}$ = 1,8·10$^{-8}$ $\Omega$m, $\alpha_{Cu}$ = 3,9·10$^{-3}$ K$^{-1}$. Das Kabel nimmt im Betrieb eine Temperatur $\vartheta$ = 70° C an.

1.13.1 Welchen Betriebswiderstand R haben Hin- und Rückleiter zusammen?

1.13.2 Welche Klemmenspannung $U_g$ muß der Gleichrichter abgeben, damit der Motor mit $U_m$ = 440 V betrieben wird?

## 1.14 Parallelschaltung von Kabeln

Zur Erhöhung der Übertragungsleistung wird dem einadrigen Speisekabel einer Straßenbahnoberleitung (Kupfer, $\varrho_{Cu}$ = 1,8·10$^{-8}$ $\Omega$m, $A_1$ = 150 mm²) ein zweites einadriges (Aluminium, $\varrho_{Al}$ = 2,8·10$^{-8}$ $\Omega$m, $A_2$ = 240 mm²) parallelgeschaltet.

1.14.1 Um wieviele Prozent erhöht sich der übertragbare Strom?

1.14.2 Wie verteilt sich der Gesamtstrom auf die beiden Leiter?

# 2     Elektrisches Feld

## Grundlagen

### 2.1    Coulombsche Kraft

Berechnen Sie die Kraft $F_{12}$ zwischen zwei Punktladungen $Q_1 = 2 \cdot 10^{-6}$ As und $Q_2 = 5 \cdot 10^{-5}$ As, die voneinander $r = 25$ cm entfernt sind.

### 2.2    Elektrische Feldstärke und dielektrische Verschiebungsdichte

Eine Punktladung $Q = 2{,}5 \cdot 10^{-8}$ As befindet sich im Vakuum.

2.2.1    Wie groß sind die elektrische Feldstärke E und die dielektrische Verschiebungsdichte D im Abstand $r = 50$ cm?

2.2.2    Skizzieren Sie den Verlauf der elektrischen Feldstärke E in Abhängigkeit vom Abstand r.

2.2.3    Welche Kraft F wirkt im Abstand $r = 50$ cm von der Punktladung auf ein einzelnes Elektron ($e = -1{,}6 \cdot 10^{-19}$ As)?

2.2.4    Welche elektrische Spannung U besteht zwischen zwei Punkten, die von der Punktladung $r_1 = 50$ cm bzw. $r_2 = 75$ cm entfernt sind?

2.2.5    Wie verändern sich die Werte in 2.2.1 bis 2.2.4, wenn sich sowohl die Punktladung als auch die untersuchten Ladungen in einem Ölbad mit einer relativen Dielektrizitätskonstante $\varepsilon_r = 2{,}2$ befinden.

### 2.3    Potentialberechnungen

2.3.1    Wie groß sind die Potentiale $\varphi_1$ und $\varphi_2$ in zwei Punkten $P_1$ und $P_2$, die von einer Punktladung $Q = 10^{-6}$ As die Abstände $r_1 = 25$cm und $r_2 = 75$cm aufweisen? Das Medium ist Luft.

2.3.2    Wie groß ist die Spannung U zwischen den beiden Punkten $P_1$ und $P_2$?

2.3.3    Wie groß ist die Spannung $U'$ zwischen diesen beiden Punkten im Medium Öl ($\varepsilon_r = 2{,}4$)?

## 2.4 Kapazitätsberechnungen

2.4.1 Welche Kapazität C besitzt ein luftgefüllter Plattenkondensator mit einer Plattengröße $A = 200\ cm^2$, wenn die beiden Platten voneinander einen Abstand $d = 5\ mm$ haben?

2.4.2 Zur Erhöhung der Kapazität wird der Abstand auf $d = 1\ mm$ verringert und gleichzeitig ein ölgetränktes Papier mit einer relativen Dielektrizitätskonstanten $\varepsilon_r = 2{,}5$ zwischen die Platten gebracht. Der Zwischenraum ist dabei komplett ausgefüllt. Wie groß ist nun die Kapazität C?

2.4.3 Durch einen Fabrikationsfehler ergibt sich ein Abstand $d = 2\ mm$. Dadurch liegt zwischen den beiden Platten ein geschichtetes Dielektrikum gemäß der nebenstehenden Skizze. Berechnen Sie für diesen Fall die Kapazität.

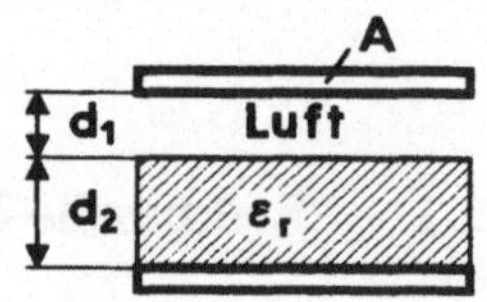


## 2.5 Zusammenschaltung von Kapazitäten

Berechnen Sie die Gesamtkapazitäten der nachfolgenden Schaltungen:
($C_1 = 4{,}7\ \mu F$, $C_2 = 10\ \mu F$, $C_3 = 2{,}2\ \mu F$, $C_4 = 1\ \mu F$).

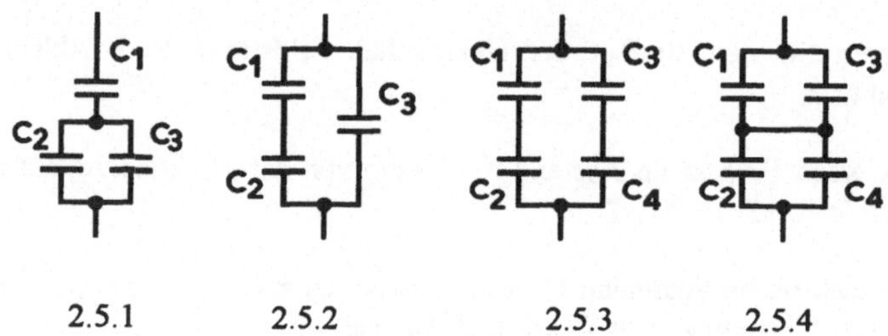


<table>
<tr><td>2.5.1</td><td>2.5.2</td><td>2.5.3</td><td>2.5.4</td></tr>
</table>

## 2.6 Auf- und Entladevorgang

Ein Kondensator mit der Kapazität $C = 10\ \mu F$ wird über einen Schalter S an einen Gleichspannungsgenerator (Leerlaufspannung $U_0 = 24\ V$, Innenwiderstand $R_i = 5\ \Omega$) angeschlossen (Schalterstellung 1).

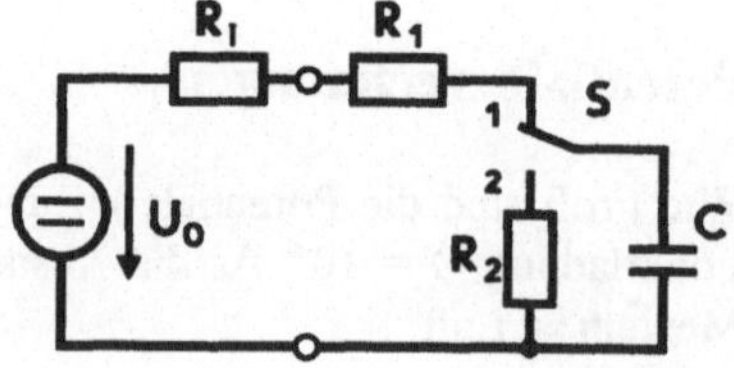


Im Ladekreis befindet sich ein zusätzlicher strombegrenzender Widerstand $R_1 = 2\ k\Omega$. Der Kondensator C wird über einen Widerstand $R_2 = 500\ \Omega$ entladen (Schalterstellung 2).

2.6.1 Wie groß ist die maximal gespeicherte Energie $W_c$ im Kondensator?

2.6.2 Wie groß sind die Aufladezeitkonstante $\tau_1$ und die Entladezeitkonstante $\tau_2$?

2.6.3 Zeichnen Sie die Verläufe von Strom und Spannung am Kondensator für Auf- und Entladung.

# Technische Anwendungen

## 2.7 Glättung der Versorgungsspannung eines Netzteils

Bei der skizzierten einfachen Spannungsversorgung für $R_L$ wird der Kondensator C alle 20 ms (f = 50 Hz, T = 1/f = 20 ms) über die Diode D niederohmig auf $U_{max}$ = 24 V aufgeladen. Bis zur nächsten Aufladung muß er den Widerstand $R_L$ = 470 $\Omega$ speisen. Ermitteln Sie näherungsweise die erforderliche Kapazität C, damit die Spannung u am Widerstand $R_L$ zwischen zwei Aufladungen von C nicht unter $U_{min}$ = 23,5 V sinkt.

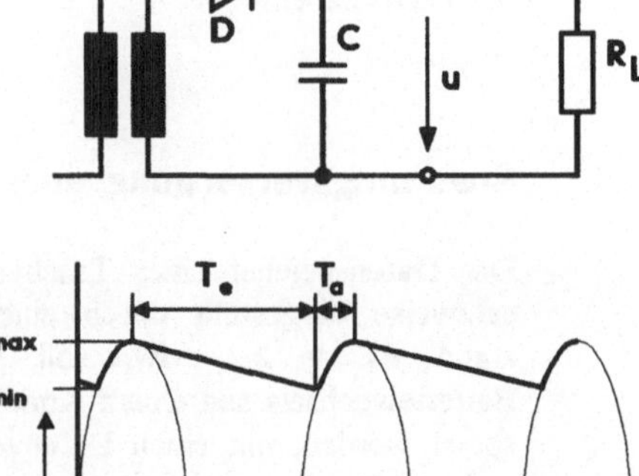


Lösungshinweis: Da hier die Entladezeit $T_e$ sehr viel größer als die Aufladezeit $T_a$ ist, kann man für die Berechnung die Aufladezeit $T_a$ vernachlässigen. Damit gilt: $T_e \approx T$.

## 2.8    Hochspannungs-Kondensator-Zündung

Der Speicherkondensator der nebenstehend skizzierten Hochspannungs-Kondensatorzündung für Ottomotoren ($C = 1\ \mu F$) muß zum Erzielen eines ausreichend kräftigen Zündfunkens eine Energie $W = 0,1\ \text{Ws}$ speichern können.

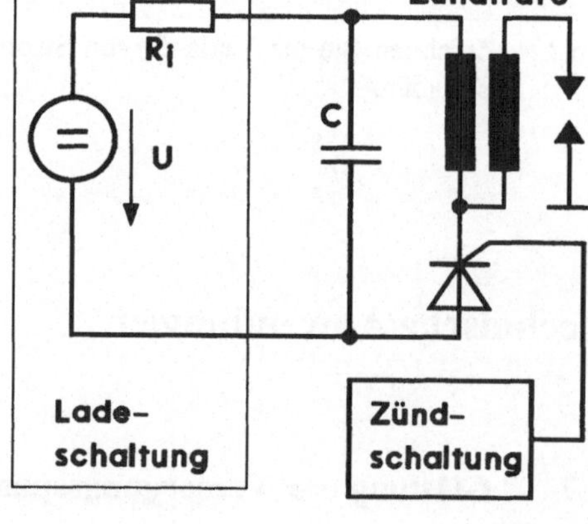


**2.8.1**    Welche Spannung U muß die Ladeschaltung liefern können?

**2.8.2**    Damit bei der Höchstdrehzahl des Ottomotors die Zündenergie nicht zu stark abfällt, muß der Kondensator in $t_L = 2,1\ \text{ms}$ auf zwei Drittel der Maximalspannung U aufgeladen werden können. Welchen maximalen Innenwiderstand $R_i$ darf die Ladeschaltung höchstens haben?

## 2.9    Spannungsversorgung eines Taschenrechners

Der Datenspeicher eines Taschenrechners, ersatzweise dargestellt durch einen Lastwiderstand $R_L = 2,2\ \text{M}\Omega$, soll während des Batteriewechsels aus einem Kondensator C gespeist werden, um einen Datenverlust zu vermeiden.

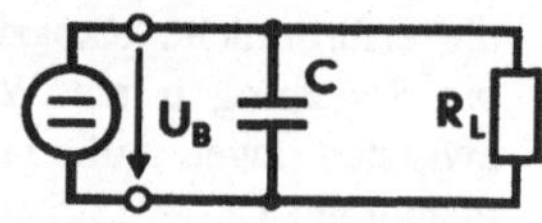


Die Batteriespannung beträgt $U_B = 3\ \text{V}$. Dimensionieren Sie C so, daß bei einer angenommenen Batteriewechselzeit von $t_W = 30\ \text{s}$ die Versorgungsspannung des Datenspeichers nicht unter den Wert $U_{min} = 0,8\ \text{V}$ sinkt.

## 2.10 Kapazitive Füllstandsmessung

Zur Messung des Füllstandes einer Flüssigkeit mit der relativen Dielektrizitätskonstante $\varepsilon_r = 2{,}1$ sind in einem Behälter zwei Platten mit einer Fläche $A = 480$ cm$^2$ gemäß nebenstehender Skizze eingebracht. Der Abstand zwischen den beiden Platten beträgt $d = 1{,}5$ mm.

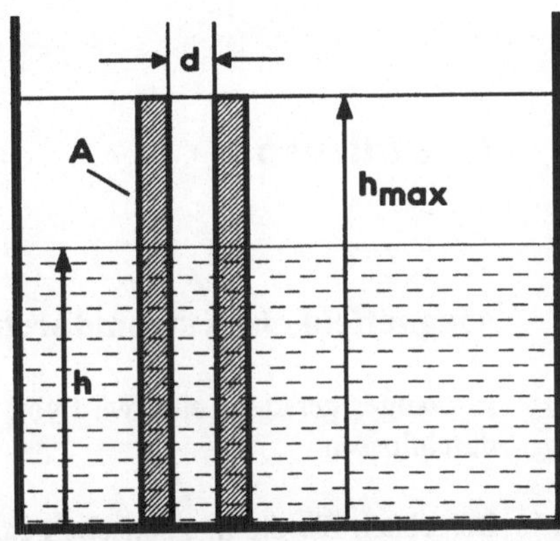


2.10.1 Berechnen Sie die Kapazität $C_0$ der beiden Platten bei leerem Behälter.

2.10.2 Berechnen Sie die Kapazität $C_{max}$ der beiden Platten bei maximalem Füllstand $h_{max}$.

2.10.3 Ermitteln Sie allgemein den Zusammenhang zwischen der Kapazität $C$ und dem Füllstand $h$ bei gegebener maximaler Füllhöhe $h_{max}$.

# 3 Magnetisches Feld

## Grundlagen

### 3.1 Magnetfeld eines stromdurchflossenen Leiters

Ein langer gerader Leiter wird von einem Gleichstrom $I = 6$ A durchflossen.

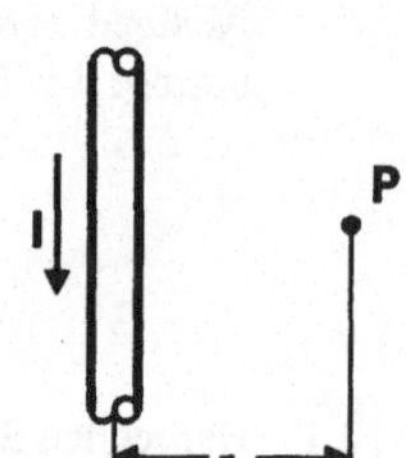

3.1.1 Berechnen Sie die magnetische Feldstärke H im Punkt P (Abstand $r = 12$ cm vom Leiter).

3.1.2 Wie hoch ist die magnetische Induktion B im Punkt P, wenn der Leiter in Luft verlegt ist?

### 3.2 Kraft auf stromdurchflossenen Leiter

Zur Gleichstromversorgung einer Produktionsanlage werden zwei parallele Leiter (Hin- und Rückleiter) im Abstand $a = 150$ mm verlegt. Im Normalbetrieb fließt ein Gleichstrom mit der Stromstärke $I = 150$ A.

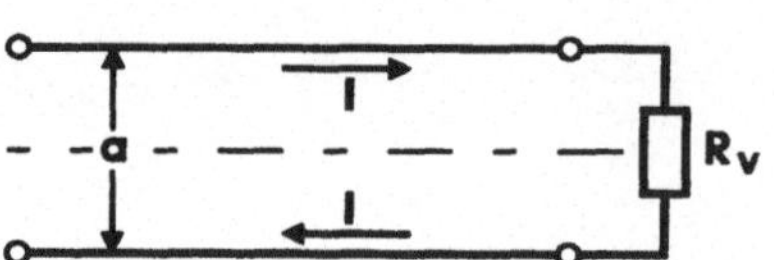

3.2.1 Wie groß ist die magnetische Feldstärke H auf der Mittellinie zwischen den beiden Leitern?

3.2.2 Berechnen Sie für die Auslegung der Befestigung die Kraft F pro Meter zwischen den beiden Leitern! In welcher Richtung wirkt diese Kraft?

3.2.3 Im Falle eines Kurzschlusses auf der Verbraucherseite wirkt eine Kraft von 1500 N pro Meter zwischen den beiden Leitern. Wie groß muß der fließende Kurzschlußstrom $I_K$ sein?

## 3.3 Drehmoment im magnetischen Feld

Eine Rechteckspule mit der Länge a = 10 cm und der Breite
b = 4 cm (Windungszahl N = 5) wird von einem Gleichstrom
I = 0,5 A durchflossen. Auf diese Spule wirkt ein magneti-
sches Feld mit einer Flußdichte B = 0,3 T.

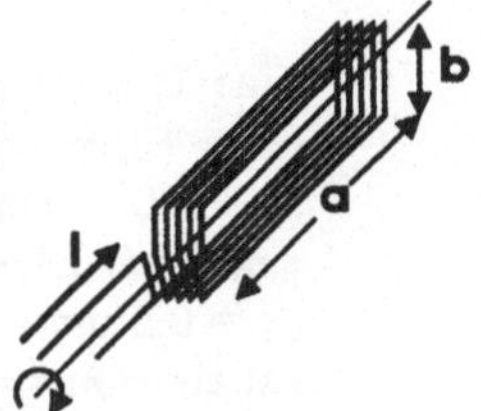

3.3.1    Skizzieren Sie die Lage der Rechteckspule in Bezug auf die Horizontalkomponente
des Magnetfeldes, bei der das maximale Drehmoment auftritt!

3.3.2    Wie groß ist dieses maximale Drehmoment M ?

## 3.4 Magnetische Feldstärke

Die parallelen Hin- und Rückleiter eines Gleichstromverbrauchers mit dem Durch-
messer d = 10 mm haben voneinander einen Abstand a = 5 cm. Der Nennstrom
beträgt I = 100 A.

3.4.1    Wie groß sind die minimale und die maximale magnetische Feldstärke $H_{min}$ und $H_{max}$
auf der Verbindungslinie zwischen den beiden Leitern?

3.4.2    Wie groß ist die magnetische Feldstärke H in einem Punkt P, der vom Hinleiter einen
Abstand $r_1$ = 4 cm und vom Rückleiter einen Abstand $r_2$ = 3 cm aufweist?

## 3.5 Magnetische Feldstärke, magnetischer Fluß und Induktion

Eine Rechteckspule in Luft (Abmessungen: a = 2 cm,
b = 10 cm) ist c = 10 cm von einem geraden Leiter
entfernt. Dieser Leiter wird von einem Gleichstrom
I = 200 A durchflossenen

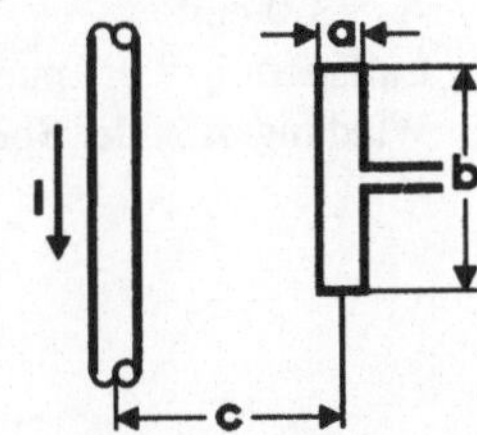

3.5.1    Wie groß sind die mittlere Feldstärke $\bar{H}$ und die mittlere Flußdichte $\bar{B}$ in dieser Spule?

3.5.2    Wie groß ist ungefähr der magnetische Fluß $\Phi$ unter der Annahme, daß die Induktion
über die gesamte Spulenfläche homogen ist?

3.5.3    Berechnen sie den exakten Wert des magnetischen Flusses $\Phi$?

## 3.6 Drosselspule

Eine Drosselspule trägt auf dem Mittelschenkel eines Eisenkerns (E-I-Kern) eine Wicklung mit $N = 500$ Windungen. An den Stoßstellen entsteht eine Klebefuge, die sich wie ein Luftspalt verhält ($l_L = 0{,}2$ mm). Der Mittelschenkel des Eisenkerns hat eine Querschnittsfläche $A_1 = 4$ cm², die beiden Seitenschenkel weisen gleiche Querschnitte $A_2$ und $A_3$ von je 2 cm² auf.

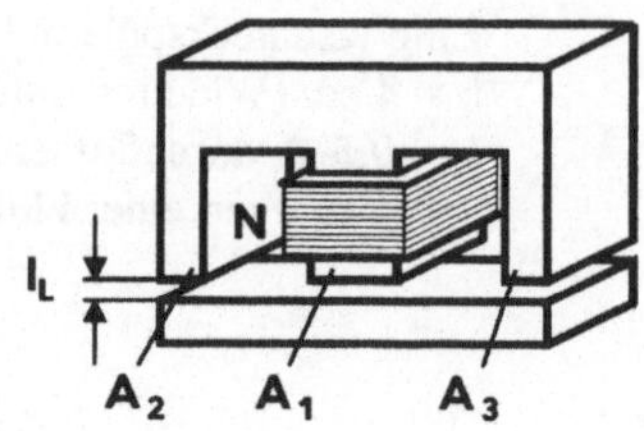


3.6.1  Zeichnen Sie in die Skizze den Verlauf des magnetischen Flusses $\Phi$ im Eisenkern ein. Entwickeln Sie daraus ein elektrisches Ersatzschaltbild des magnetischen Kreises bei Vernachlässigung der magnetischen Widerstände des Eisens gegenüber denen der Luftspalte.

3.6.2  Berechnen Sie die magnetischen Widerstände $R_{m1}$, $R_{m2}$ und $R_{m3}$ der drei Luftspalte unter Vernachlässigung der magnetischen Streuung.

3.6.3  Berechnen Sie die Induktivität $L$ der Drosselspule.

3.6.4  Welcher Strom $I$ fließt, wenn die Wicklung der Spule aus 60 m Kupferdraht mit einem Querschnitt $A_W = 0{,}1$ mm² besteht und die Spule an eine Wechselspannung $U = 230$ V, $f = 50$ Hz angelegt wird?

## 3.7 Magnetisierungskennlinie von Eisen

Für den gezeichneten magnetischen Kreis gelten folgende Daten:
$l_1 = 12$ cm, $l_2 = 2$ cm, $A_1 = 0{,}5$ cm²,
$A_2 = 1{,}0$ cm².
Luftspalt: $l_L = 0{,}1$ mm, $A_L = 1{,}0$ cm².
Windungszahl der Spule: $N = 60$.

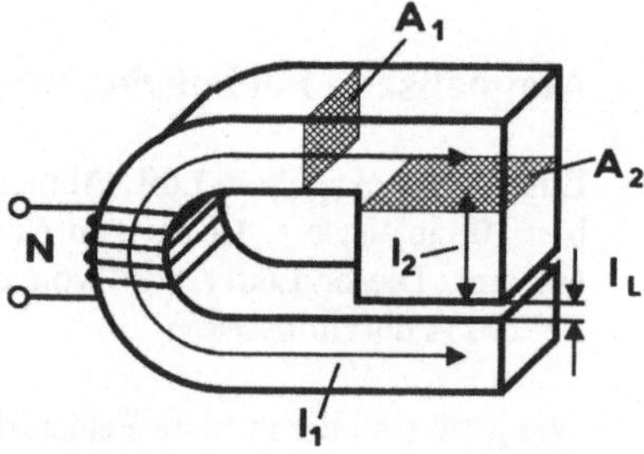

Die Magnetisierungskennlinie des Eisens ist durch folgende Tabelle gegeben:

| H/(A/m) | 60 | 80 | 100 | 120 | 150 | 200 | 300 | 400 |
|---------|------|------|------|------|------|------|------|------|
| B/T | 0,36 | 0,62 | 0,80 | 0,87 | 0,95 | 1,0 | 1,12 | 1,16 |

**3.7.1**  Zeichnen Sie die Magnetisierungskennlinie.

**3.7.2**  Ermitteln Sie unter Verwendung der gezeichneten Kurve die erforderliche Amperewindungszahl NI und den Spulenstrom I, damit im Luftspalt ein magnetischer Fluß $\Phi = 5 \cdot 10^{-5}$ Vs entsteht.

## 3.8  Magnetische Streuung

Eine Spule besteht aus einem Ringkern mit kreisförmigem Eisenquerschnitt ($\mu_r = 4000$, $l_{Fe} = 20$ cm, $A_{Fe} = 5$ cm$^2$), der, wie nebenstehend dargestellt, einen Luftspalt mit der Länge $l_L = 0,5$ mm aufweist. Auf das Eisenteil sind N = 50 Windungen gewickelt, durch die ein Gleichstrom I = 2 A fließt.

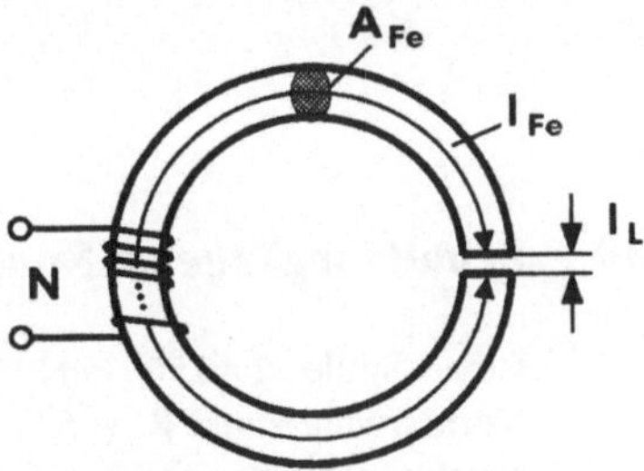


**3.8.1**  Berechnen sie die magnetischen Widerstände $R_{mFe}$ des Ringkerns und $R_{mL}$ des Luftspalts unter Berücksichtigung der magnetischen Streuung im Luftspalt.

**3.8.2**  Wie groß der magnetische Fluß $\Phi$ im Eisen und im Luftspalt?

**3.8.3**  Wie groß sind die magnetischen Induktionen $B_{Fe}$ im Eisen und $B_L$ im Luftspalt?

**3.8.4**  Wie groß sind die magnetischen Feldstärken $H_{Fe}$ im Eisen und $H_L$ im Luftspalt?

**3.8.5**  Ermitteln Sie die Induktivität L der Drosselspule.

## 3.9 Spannung und Strom einer Spule

An einer idealen Spule treten die gezeichneten Spannungsverläufe auf. Zeichnen Sie jeweils qualitativ den zeitlichen Verlauf der zugehörigen Spulenströme. Gibt es immer nur eine Lösung?

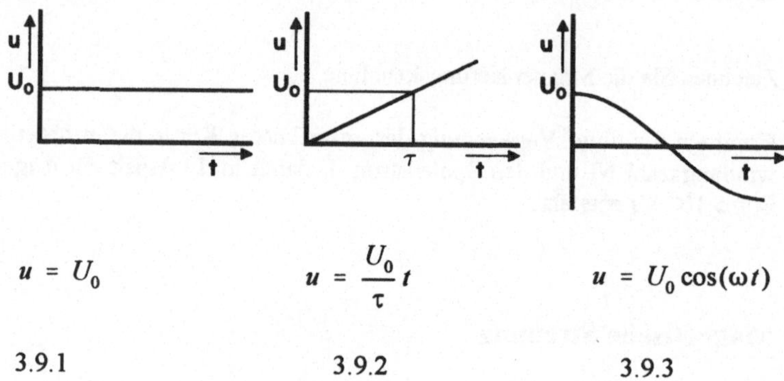

$$u = U_0$$

$$u = \frac{U_0}{\tau} t$$

$$u = U_0 \cos(\omega t)$$

3.9.1            3.9.2            3.9.3

## 3.10 Schaltvorgänge an Spulen

Eine Spule L=250 mH mit einem seriellen Verlustwiderstand $R_v = 5\ \Omega$ liegt an einer Gleichspannungsquelle mit $U_0 = 100$ V. Zum Zeitpunkt t wird die Spule über einen idealen Schalter S von der Quelle getrennt und an einen Entladewiderstand R = 1 kΩ gelegt.

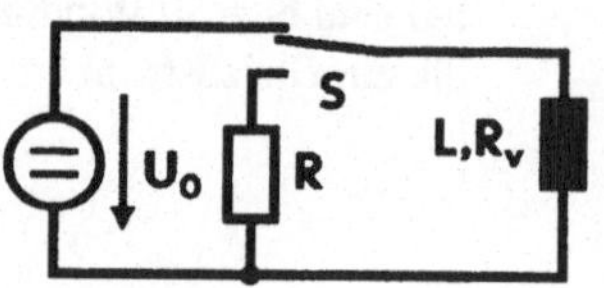

3.10.1   Wie groß ist die in der Spule gespeicherte magnetische Energie $W_m$?

3.10.2   Berechnen Sie die maximal auftretende induzierte Spannung $U_{max}$.

3.10.3   Skizzieren Sie den Verlauf von Strom i und Spannung u an der Spule.

3.10.4   Wie groß ist die induzierte Spannung $U'_{max}$, wenn parallel zur Spule eine Freilaufdiode D geschaltet wird.

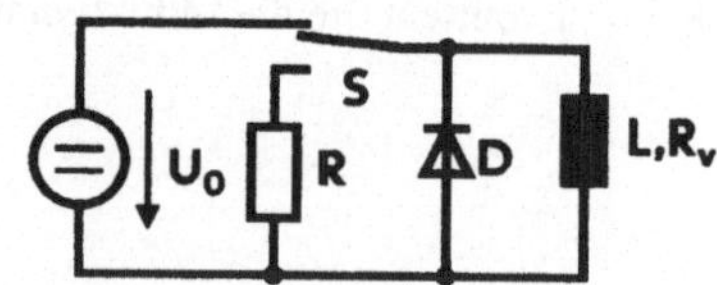

## 3.11 Idealer Transformator

Ein Einphasentransformator, hier als ideal angenommen, liegt an einer Wechselspannung $U_1$ = 24 V. An seinen Sekundärklemmen ist ein Widerstand R = 3 $\Omega$ angeschlossen. Die Windungszahlen der Trafowicklungen sind: $N_1$ = 1000, $N_2$ = 250.

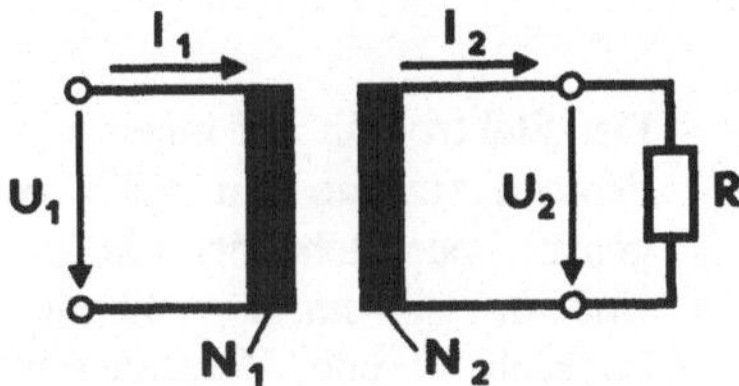


3.11.1 Berechnen Sie die Sekundärspannung $U_2$.

3.11.2 Berechnen Sie den Sekundärstrom $I_2$.

3.11.3 Berechnen Sie den Primärstrom $I_1$.

# Technische Anwendungen

## 3.12 Stromzange

Die skizzierte Strommeßzange für Gleichströme mißt den Strom I dadurch, daß eine Hallsonde die Induktion im Luftspalt $l_{L2}$ ermittelt. Im geschlossenen Zustand der Strommeßzange betragen die beiden Luftspalte $l_{L1}$ = 0,05 mm und $l_{L2}$ = 0,7 mm. Die Daten des Eisenkerns sind:
$l_{Fe}$ = 18 cm, $A_{Fe}$ = 1 cm², $\mu_r$ = 2000. Welchen maximalen Strom I kann man mit dieser Meßzange messen, wenn die Hallsonde für eine maximale Induktion $B_{max}$ = 1,5 T ausgelegt ist (die magnetische Streuung an den Luftspalten kann vernachlässigt werden)?

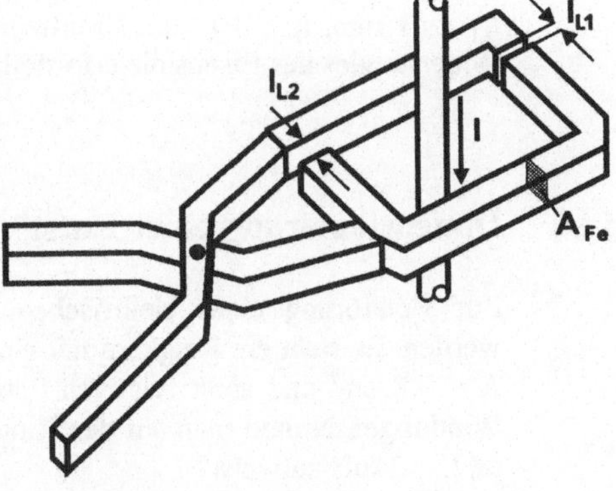

## 3.13 Elektromagnet eines Elektrokrans

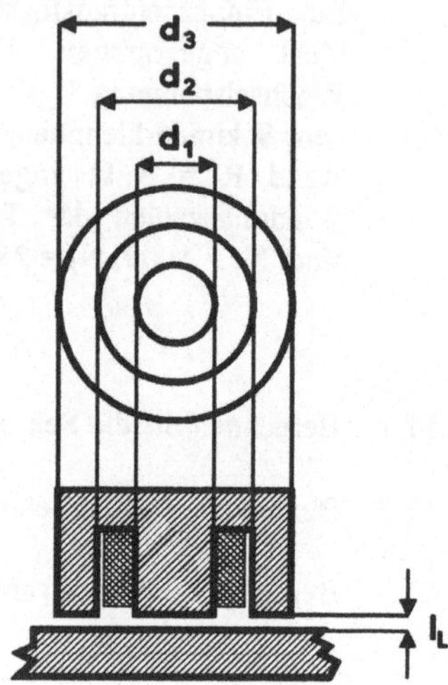

Der Elektrokran auf einem Autofriedhof hebt die Schrottfahrzeuge mit Hilfe eines Topfmagneten gemäß nebenstehender Skizze. Die Abmessungen sind: $d_1 = 10$ cm, $d_2 = 20$ cm, $d_3 = 24$ cm. Durch Lackschicht und Verschmutzung der Fahrzeuge kann mit einer Luftspaltlänge $l_L = 1$ mm gerechnet werden. Welch Durchflutung $\Theta$ muß die Spulenwicklung erzeugen, damit der Magnet eine Tragkraft $F = 20000$ N aufbringt? Die magnetischen Widerstände des Eisens sind für die Berechnung zu vernachlässigen.

## 3.14 Hubmagnet eines Magnetventils

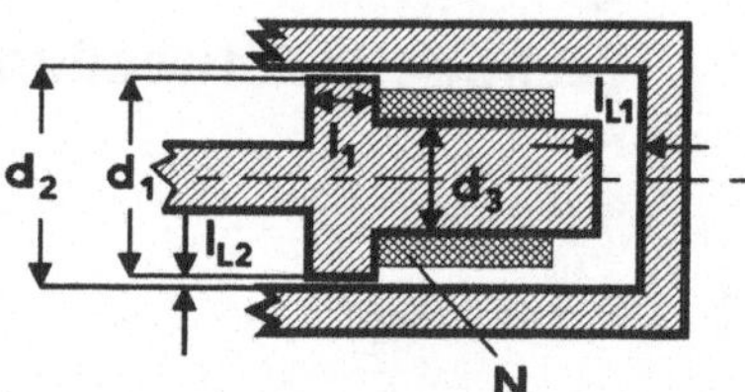

Der Anker eines Magnetventils soll in seiner Ruhestellung (siehe Skizze) eine Zugkraft $F = 10$ N aufbringen. Die Wicklung des Elektromagneten soll für eine Stromstärke $I = 2$ A ausgelegt werden.

Es sind folgende Abmessungen gegeben: $d_1 = 34{,}96$ mm, $d_2 = 35$ mm, $d_3 = 20$ mm, $l_{L1} = 3$ mm, $l_1 = 10$ mm. Ermitteln Sie unter Vernachlässigung des magnetischen Widerstandes des Eisens die erforderliche Windungszahl N der Magnetwicklung.

## 3.15 Dimensionierung einer Entstördrossel

Zur Entstörung eines elektrischen Gerätes soll eine Ringkerndrossel eingesetzt werden. Es steht ein Ringkern mit einer Eisenlänge von $l = 11$ cm, einem Querschnitt $A = 0{,}8$ cm$^2$ und einer relativen Permeabilität $\mu_r = 1800$ zur Verfügung. Wie viele Windungen N muß man auf den Ringkern wickeln, damit die Drossel eine Induktivität $L = 3$ mH aufweist?

## 3.16 Batteriezündung für Kfz

Die nebenstehende Skizze zeigt die Schaltung einer kontaktgesteuerten Batteriezündanlage. Die vom Generator (Lichtmaschine) abgegebene Spannung beträgt $U_B = 14$ V. Der Unterbrecherkontakt $S_2$ darf höchstens einen Strom $I_{max} = 3$ A schalten, da sonst der Kontaktabbrand zu hoch ist. Der Schalter $S_1$ dient zur Startanhebung (der Vorwiderstand $R_V$ wird durch den Schalter $S_1$ während des Startens des Verbrennungsmotors überbrückt, um den Einbruch der Bordspannung $U_B$ infolge des hohen Starterstroms auszugleichen).

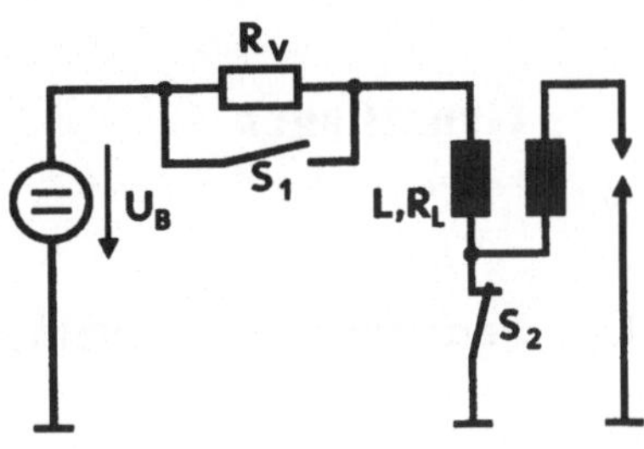

3.16.1 Wie groß muß die Induktivität L der Spule sein, damit sie bei $I_{max} = 3$ A eine Energie $W = 0,05$ Ws speichern kann?

3.16.2 Beim Starten des Verbrennungsmotors bricht wegen des hohen Starterstroms die Bordspannung auf $U'_B = 8$ V zusammen. Wie groß müssen der Vorwiderstand $R_V$ und der Primärwicklungswiderstand $R_L$ der Zündspule sein, damit die Zündenergie W beim Starten und im normalen Fahrbetrieb ($U_B = 14$ V) gleich hoch ist?

3.16.3 Zum zuverlässigen Betrieb der Zündanlage muß der Primärstrom i beim Öffnen des Unterbrecherkontaktes mindestens 3/4 des Maximalwertes $I_{max}$ erreicht haben. Wie lange dauert dies im normalen Fahrbetrieb?

3.16.4 Für einen schnellaufenden Ottomotor muß der Primärstrom bei gleicher Zündenergie ($W = 0,05$ Ws) doppelt so schnell ansteigen. Dazu werden die Induktivität L verkleinert und der maximale Primärstrom erhöht. Um den höheren Strom schalten zu können, wird der Unterbrecherkontakt gemäß nebenstehender Skizze durch einen Transistor ersetzt (Transistorzündung). Berechnen Sie den maximalen Strom $I_{max}$ und die Werte für L, $R_V$ und $R_L$ unter der Bedingung, daß bei Startanhebung wieder die Zündenergie so hoch wie im Normalbetrieb ist (der Spannungsabfall am Transistor werde vernachlässigt).

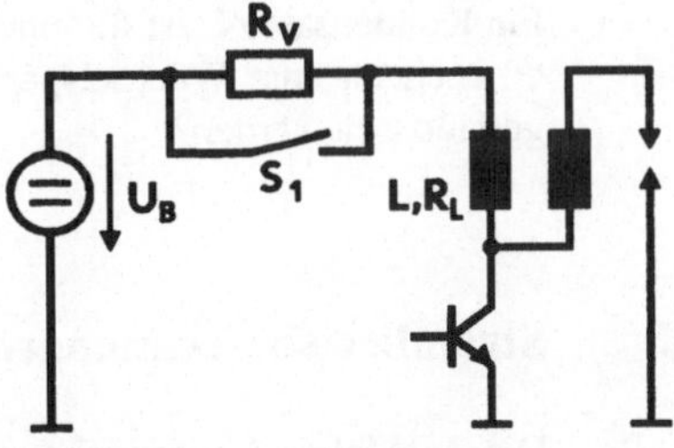

# 4 Wechselstrom

## Grundlagen

### 4.1 Periodendauer, Mittelwert

Ein Generator liefert an einen Verbraucher $R_V$ eine Spannung u mit nebenstehendem zeitlichen Verlauf.

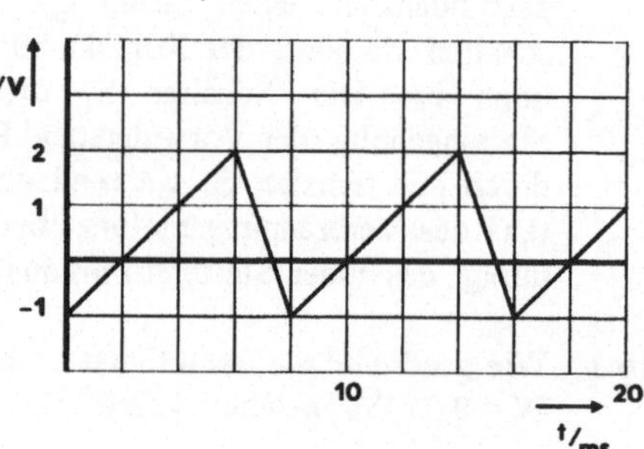


4.1.1 Bestimmen Sie die Periodendauer T und die Spannung $U_{ss}$ (Spitze - Spitze).

4.1.2 Berechnen Sie den arithmetischen Mittelwert $\bar{u}$ und den Effektivwert (quadratischer Mittelwert) U.

### 4.2 Effektivwert, Spitzenwert

Ein Kondensator C ist für eine maximale Gleichspannung von 300 V zugelassen. Darf er auch an eine Wechselspannung U mit einem Effektivwert von U = 230 V angeschlossen werden?

### 4.3 Stromkreisberechnungen

Die nachfolgend aufgezeigten Schaltungen liegen an einer Wechselspannungsquelle U = 230 V, f = 50 Hz. Bestimmen Sie jeweils die Gesamtimpedanz $\underline{Z}$, sowie alle eingezeichneten Spannungen und Ströme für folgende Werte: R = 270 $\Omega$, L = 0,3 H, C = 6,8 µF.

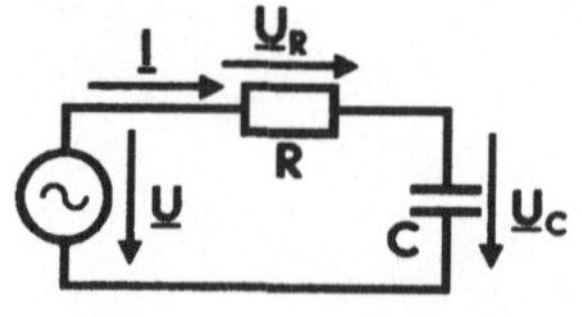


4.3.1

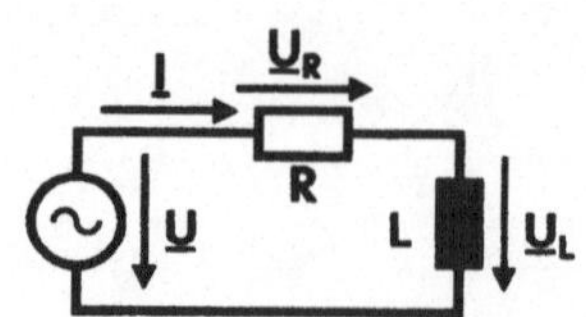


4.3.2

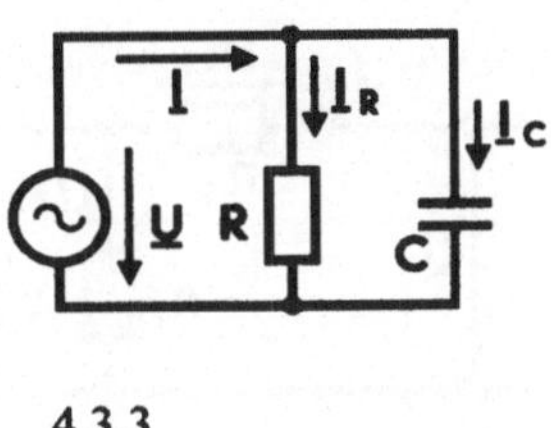

4.3.3

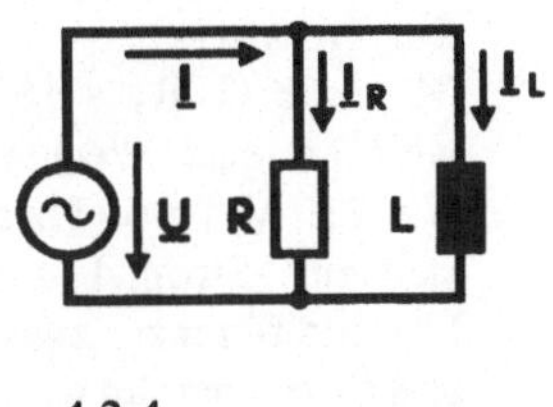

4.3.4

## 4.4 Serienresonanzkreis

An einer Wechselspannungsquelle $U = 24$ V liegen die drei Schaltelemente R,L und C in Serie ($R = 100\ \Omega$, $L = 0,3$ H, $C = 4,7\ \mu$F).

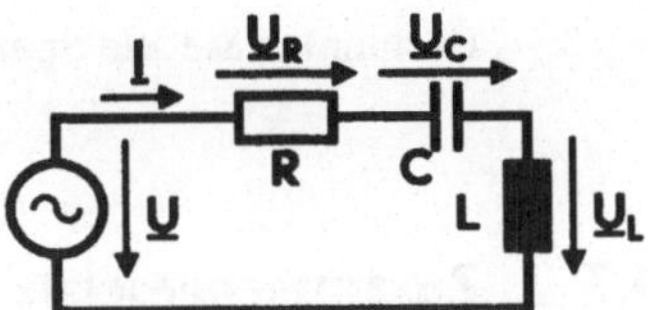

4.4.1 Berechnen Sie allgemein die Gesamtimpedanz Z.

4.4.2 Wie groß ist bei den angegebenen Werten für R, L und C die Resonanzfrequenz $f_r$?

4.4.3 Zeichnen Sie den Verlauf des Stromes I in Abhängigkeit von der Frequenz f (wählen Sie für die Frequenzachse einen logarithmischen Maßstab).

4.4.4 Wie groß ist der Strom I für $R \Rightarrow 0\ \Omega$ bei der Resonanzfrequenz $f_r$?

## 4.5 Parallelresonanzkreis

An einer Wechselspannungsquelle U liegen drei Schaltelemente R, L und C parallel. ($R = 100\ \Omega$, $L = 0,3$ H, $C = 4,7\ \mu$F)

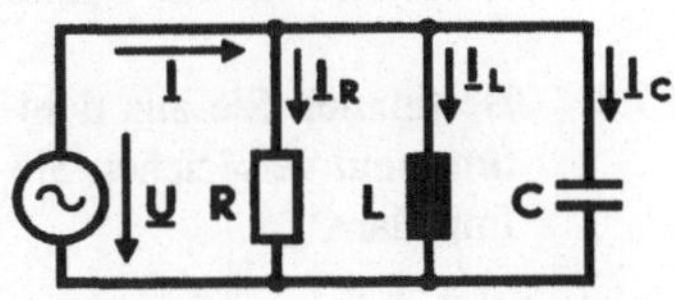

4.5.1 Berechnen Sie allgemein den Gesamtleitwert Y.

4.5.2 Wie groß ist bei den angegebenen Werten für R, L und C die Resonanzfrequenz $f_r$?

4.5.3 Zeichen Sie den Verlauf des Stromes I in Abhängigkeit von der Frequenz f (wählen Sie für die Frequenzachse einen logarithmischen Maßstab).

4.5.4 Wie groß ist der Strom I für $R \Rightarrow \infty$ bei der Resonanzfrequenz $f_r$?

## 4.6 Leistung, Strom und Spannung in zusammengesetzten Schaltungen

Ein Netzwerk aus 3 Schaltelementen ($R_1$ = 68 Ω, $R_2$ = 180 Ω, L = 0,3 H) wird an eine Wechselspannungsquelle U = 230 V, f = 50 Hz angelegt. Es stellt sich ein Strom I = 1,772 A ein. Die Phasendifferenz zwischen Spannung und Strom beträgt $\varphi_{UI}$ = 34,7°.

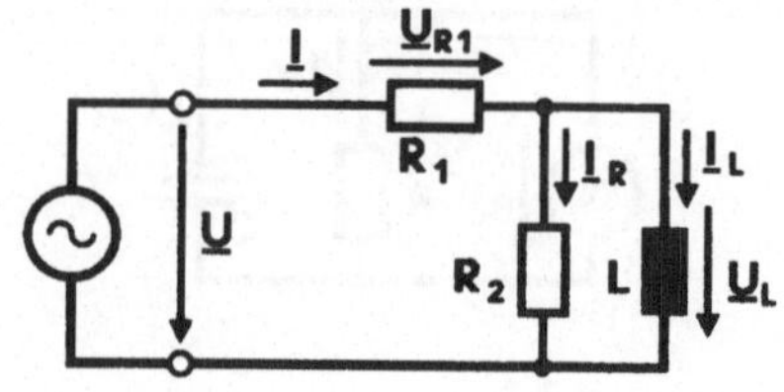

4.6.1    Bestimmen Sie Scheinleistung S, Wirkleistung P und Blindleistung Q.

4.6.2    Wie groß ist die Gesamtimpedanz $\underline{Z}$ dieser Schaltung.

4.6.3    Bestimmen Sie alle Spannungen und Ströme nach Betrag und Phase.


## 4.7 Zusammengesetzte Schaltung

Die gezeigte Schaltung enthält folgende Schaltelemente:
R = 1 kΩ, $\omega L_1$ = 2 kΩ,
$\omega L_2$ = 0,75 kΩ, $1/\omega C_1$ = 1 kΩ,
$1/\omega C_2$ = 1,236 kΩ.

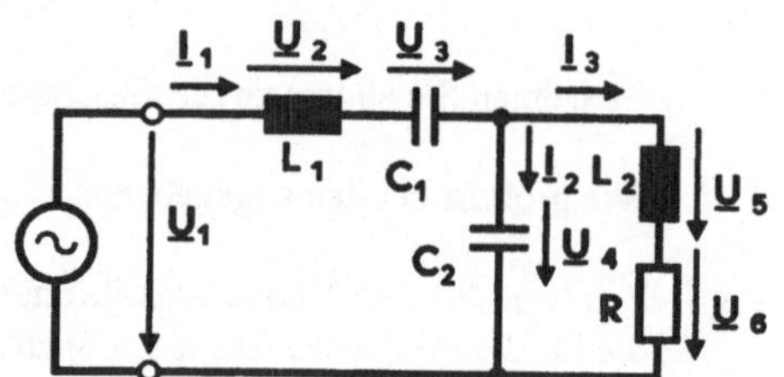

4.7.1    Entwickeln Sie ein Zeigerdiagramm mit allen Spannungen und Strömen, wenn die gesamte Schaltung eine Wirkleistung P = 16 mW aufnimmt.

4.7.2    Berechnen Sie alle Spannungen und Ströme komplex.

4.7.3    Bestimmen Sie aus dem Zeigerdiagramm (4.7.1) die Gesamtimpedanz Z der Schaltung und vergleichen Sie diese mit der sich aus der komplexen Rechnung ergebenden Impedanz $\underline{Z}$.


## 4.8 Widerstand mit Wicklungsinduktivität

Ein gewickelter Drahtwiderstand R, dessen Windungen wie eine Induktivität L wirken, liegt an einer Wechselspannungsquelle mit U = 230 V, f = 50 Hz. Die entnommene Wirkleistung beträgt P = 40 W bei einem Strom I = 0,175 A.

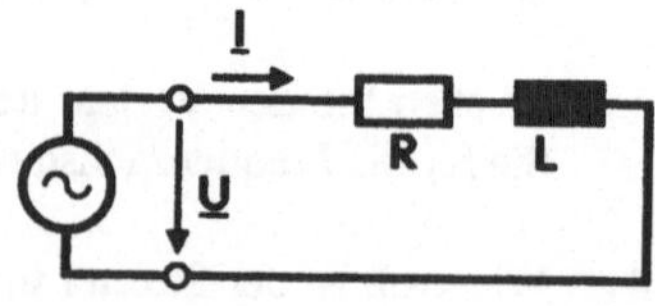

4.8.1    Berechnen Sie die Scheinleistung S.

4.8.2    Wie groß ist der cos φ dieses Widerstandes?

4.8.3    Wie groß sind der Widerstand R und die Induktivität L?

4.8.4    Wie groß muß die Kapazität C eines Kondensators sein, um die gesamte Blindleistung zu kompensieren. Wie muß er geschaltet werden, um die Wirkleistungsaufnahme des Widerstandes nicht zu beeinflussen.

## 4.9    Zusammengesetzte Wechselstromschaltung

Das nebenstehend gezeichnete Netzwerk mit den vier Schaltelementen $R_1 = 270\ \Omega$, $C = 4{,}7\ \mu F$, $L = 0{,}4\ H$ und $R_2 = 100\ \Omega$ liegt an einer Wechselspannung $U_1 = 230V$, $f = 50\ Hz$.

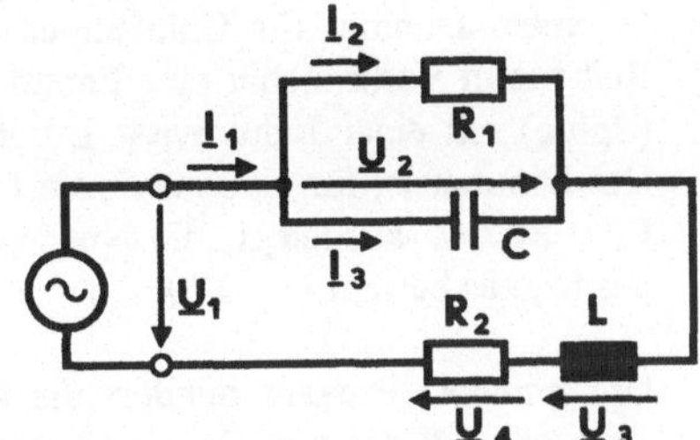


4.9.1    Bestimmen Sie alle Ströme und Spannungen.

4.9.2    Wie groß sind Scheinleistung S, Wirkleistung P und Blindleistung Q?

4.9.3    Wie groß ist der Leistungsfaktor cos φ dieser Schaltung?

## 4.10    Drosselspule

Eine Drosselspule nimmt bei einer angelegten Gleichspannung $U_0 = 100\ V$ einen Strom mit der Stromstärke $I_0 = 4\ A$ auf. Bei einer Wechselspannung ($U_1 = 230\ V$, $f = 50\ Hz$) wird ein Strom $I = 5\ A$ gemessen.

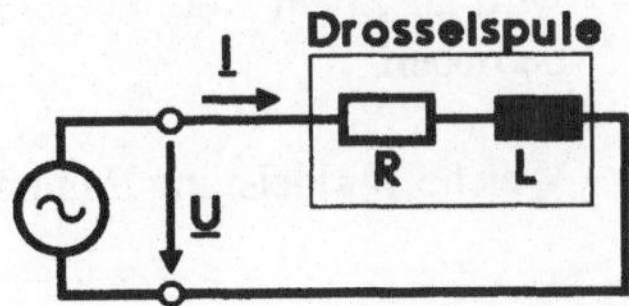


4.10.1    Wie groß sind der ohmsche Verlustwiderstand $R_v$ und die Induktivität L der Drosselspule?

4.10.2    Stellen Sie den Betrag Z der Gesamtimpedanz der Drosselspule im Frequenzbereich von 0 Hz bis 400 Hz in einem Diagramm dar.

# Technische Anwendungen

## 4.11 Isolationsprüfung

Die Isolation eines Kabels wird mit einer Wechselspannnung $U = 5$ kV geprüft. Wie hoch müßte die Spannung $U_G$ einer Gleichspannungsquelle sein, um eine gleichwertige Prüfung mit Gleichspannung durchzuführen?

## 4.12 Entstördrossel für Dimmer

In einem Dimmer für Glühlampen liegt in Reihe zum Verbraucher eine Entstördrossel (Spule) mit einer Induktivität $L = 60$ mH. Der Dimmer ist für eine maximale Leistung $P_0 = 300$ W ausgelegt, die Nennspannung des Netzes beträgt $U = 230$ V, $f = 50$ Hz.

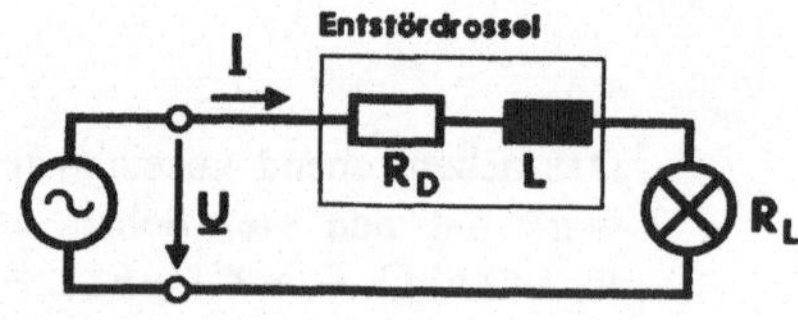


**4.12.1** Um wieviele Prozent mindert die Drossel die maximale Leistung, wenn man den Ohmschen Widerstand $R_D$ der Drosselwicklung vernachlässigt?

**4.12.2** Wie groß darf der Ohmsche Widerstand $R_D$ der Spulenwicklung sein, damit die maximale Verbraucherleistung durch die Drossel höchstens um 3 % gemindert wird?

## 4.13 Steuerung der Motorleistung eines Spaltpolmotors

Das Zweipolverhalten eines Spaltpolmotors einer Aquarienpumpe kann näherungsweise durch die Reihenschaltung eines Ohmschen Widerstandes $R = 800\ \Omega$ und einer Spule $L = 3$ H dargestellt werden. Der Motor wird an einem Netz $U = 230$ V, $f = 50$ Hz betrieben.

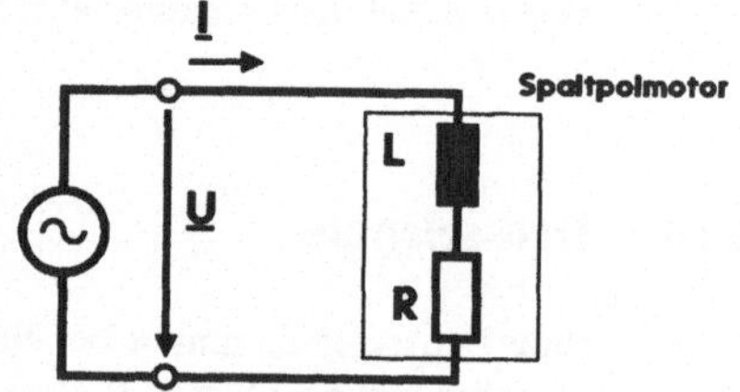


**4.13.1** Welche Wirkleistung P nimmt der Motor auf und wie hoch ist sein $\cos \varphi$?

**4.13.2** Die Motorleistung soll durch einen variablen Vorwiderstand $R_V$, der in Reihe zum Motor geschaltet wird, gesteuert werden. Zeichen Sie ein Diagramm, das die aufgenommene Motorwirkleistung in Abhängigkeit vom Vorwiderstand $R_V$ darstellt.

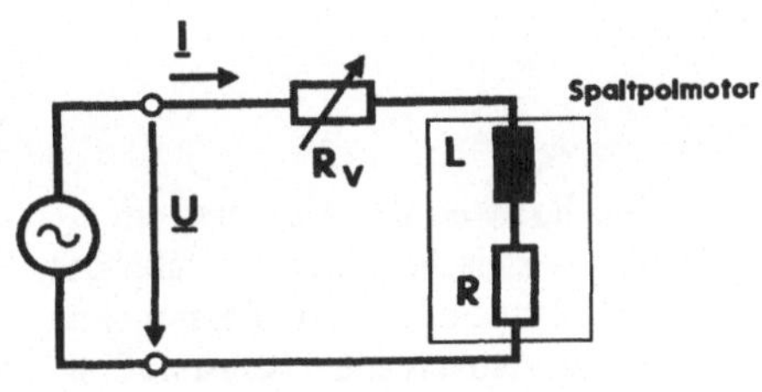


**4.13.3** Der Vorwiderstand wird durch einen Kondensator mit variabler Kapazität C ersetzt. Zeichnen Sie ein Diagramm, das die aufgenommene Wirkleistung P des Motors in Abhängigkeit von der Kapazität C darstellt (C im logarithmischen Maßstab).

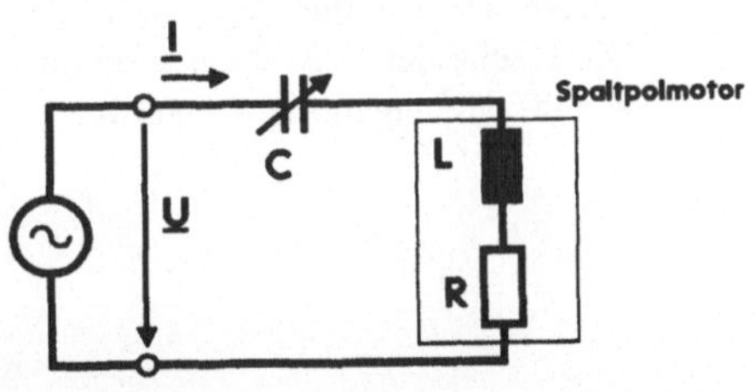


**4.13.4** Welche Vorteile hat bei dieser Motorsteuerung der Kondensator gegenüber dem Widerstand? Worin liegen die Gefahren der Steuerung mit Kondensator?

## 4.14 Elektrischer Unfall

Das Metallgehäuse eines Elektromotors weist infolge eines Isolationsfehlers einer Leitung eine Spannung U = 230 V gegenüber Erde auf.

**4.14.1** Berechnen Sie den Körperstrom $I_K$, der durch den Körper einer Person fließt, die diesen Motor berührt und mit beiden Beinen auf einer geerdeten Metallplatte steht. Nehmen Sie den Widerstand des menschlichen Körpers zwischen einer Hand und beiden Füßen mit $R_K = 3\ \text{k}\Omega$ an. (Hinweis: Körperströme ab 20 mA sind unzulässig, ab 50 mA gefährlich und ab 100 mA sicher tödlich!)

4.14.2

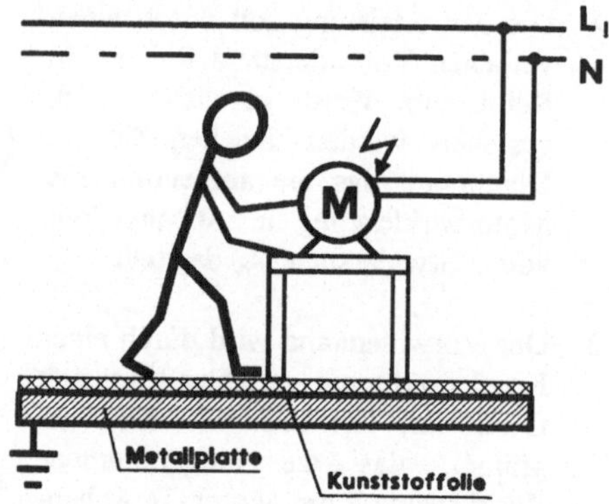


Wie hoch ist der Körperstrom $I_K$, wenn zwischen der Metallplatte und den Füßen der Person eine dünne isolierende Kunststoffolie (Dicke d = 0,1 mm, $\epsilon_r$ = 5) liegt? Die Fläche der Fußsohlen kann mit A = 40 cm² angenommen werden.

## 4.15 Leistung eines Wechselstrommotors

Ein Wechselstrommotor (Nennspannung U = 230 V) gibt an seiner Welle ein Drehmoment M = 4 Nm bei einer Drehzahl n = 2800 min⁻¹ ab. Der cos φ des Motors ist mit 0,75 angegeben, sein Wirkungsgrad beträgt η = 0,8.

4.15.1 Berechnen Sie die dem Netz entnommene Wirkleistung P, die Blindleistung Q und die Scheinleistung S des Motors.

4.15.2 Wie hoch ist der Motorstrom I?

1.15.3 Welcher Kondensator C muß parallel zu den Motorklemmen geschaltet werden, damit die gesamte Blindleistung kompensiert wird?

1.15.4 Warum darf man den Kondensator nicht in Reihe zum Motor schalten?

1.15.5 Was ist der grundlegende Unterschied zwischen dem Leistungsfaktor cos φ und dem Wirkungsgrad η?

## 4.16 Transformatorleistung

Ein Einphasen-Transformator, der maximal eine Scheinleistung $S_T$ = 1 kVA übertragen kann, soll einen Verbraucher mit folgenden Daten speisen: P = 900 W, cos φ = 0,7.

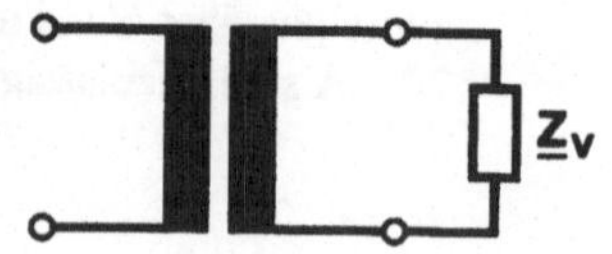


4.16.1 Weisen Sie rechnerisch nach, daß der Transformator ohne zusätzliche Schaltmaßnahmen nicht für diesen Anwendungsfall geeignet ist.

4.16.2 Durch welche Schaltmaßnahme kann der Transformator doch für diesen Anwendungsfall genutzt werden?

4.16.3 Stellen Sie in einem Leistungsdreieck die Auswirkung dieser Schaltmaßnahme qualitativ dar.


## 4.17 Kabelprüfung mit Prüftransformator

Ein unterirdisch verlegtes Koaxialkabel der Länge $l = 4000$ m mit einem Kapazitätsbelag $C/l = 101$ pF/m und einem Widerstandsbelag $R/l = 30$ mΩ/m soll über einen Prüftransformator mit einer Wechselspannung $U = 8$ kV bei $f = 50$ Hz auf seine Isolationsfestigkeit geprüft werden.

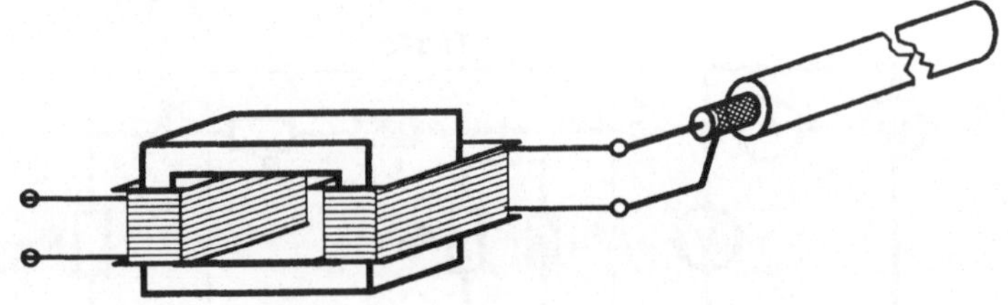

4.17.1 Weisen Sie nach, daß der Ohmsche Widerstand $R$ des Kabels gegenüber dem kapazitiven Blindwiderstand $X_C$ vernachlässigt werden kann.

4.17.2 Berechnen Sie den fließenden Blindstrom $I_B$.

4.17.3 Welche Scheinleistung $S$ muß der Transformator übertragen können?

4.17.4 Welche Induktivität $L$ muß eine parallel zum Kabel geschaltete ideale Spule haben, damit die Blindleistung kompensiert wird?

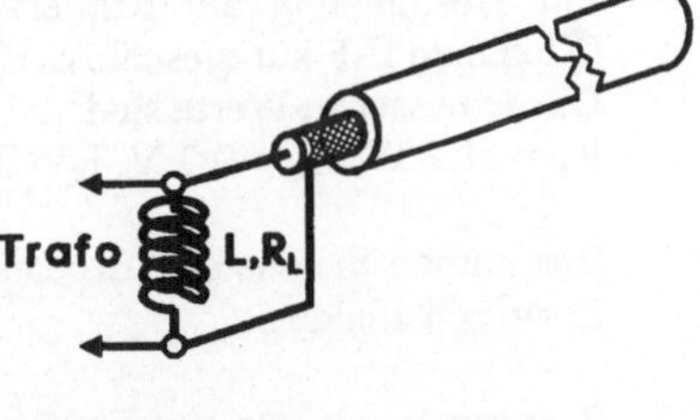


4.17.5 Welche Scheinleistung $S$ muß der Prüftransformator übertragen können, wenn der Wicklungswiderstand der unter 4.17.4 dimensionierten Spule $R_L = 560$ Ω beträgt? Zeichnen Sie ein Ersatzschaltbild der Anordnung.

4.17.6 Warum arbeiten in der Praxis Kabelprüfgeräte mit Gleichspannung?

## 4.18    Ersatzschaltbild eines Transformators

Die Abbildung zeigt das vereinfachte Ersatzschaltbild eines Transformators, wobei
die Klemmen C-D die Primärklemmen und die Klemmen E-F die Sekundärklemmen
sind. Der Widerstand $R_0$ repräsentiert die Eisenverluste des Trafokerns, der Widerstand $R_1$ berücksichtigt die Kupferverluste von Primär- und Sekundärwicklung. Zu
beachten ist ferner, daß der Lastwiderstand $R_2'$ der mit Hilfe der Formel

$$R_2' = R_2 \left( \frac{N_1}{N_2} \right)^2$$

auf die Primärseite des Trafos umgerechnete Lastwiderstand $R_2$ ist.

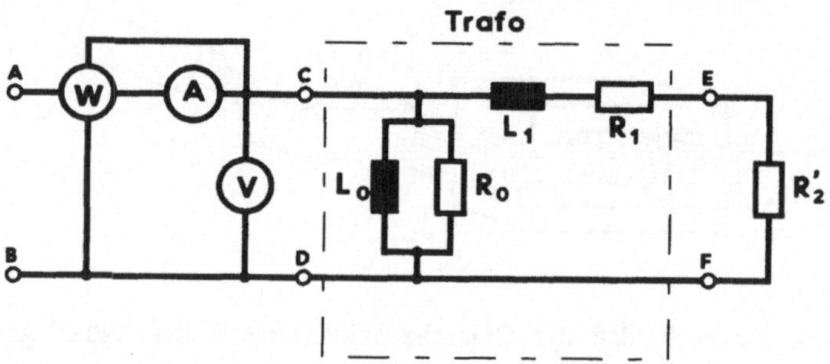



Zur praktischen Bestimmung der Eisenverluste führt man einen **Leerlaufversuch**
durch (Klemmen E-F nicht beschaltet).
Die mit den gezeichneten Instrumenten gemessenen Werte sind:
$P_L = 24$ W, $U_L = 230$ V (f = 50 Hz), $I_L = 0,193$ A.

Zur Bestimmung der Kupferverluste führt man eine **Kurzschlußmessung** durch
(Klemmen E-F kurzgeschlossen).
Die gemessenen Werte sind:
$P_K = 21,7$ W, $U_K = 9,2$ V, $I_K = 3,2$ A.

4.18.1    Bestimmen Sie aus den Ergebnissen des Leerlaufversuchs die Größen $R_0$ und $L_0$ des
Ersatzschaltbildes.

4.18.2    Bestimmen Sie aus den Ergebnissen des Kurzschlußversuches die Scheinleistung $S_K$
und die Blindleistung $Q_K$.

4.18.3    Berechnen Sie die beim Kurzschlußversuch in $R_1$ umgesetzte Wirkleistung $P_{R1}$ und
die in $L_1$ umgesetzte Blindleistung $Q_{L1}$.

4.18.4    Weisen Sie nach, daß man bei der Kurzschlußmessung $R_0$ und $L_0$ vernachlässigen
kann.

4.18.5    Bestimmen Sie aus den Ergebnissen der Kurzschlußmessung die Werte für $R_1$ und $L_1$
(verwenden Sie dazu die Vernachlässigung nach 4.18.4).

4.18.6    Berechnen Sie für $R_2' = 22$ $\Omega$ die in $R_0$ umgesetzten Eisenverluste $P_{VFe}$, die in $R_1$
umgesetzten Kupferverluste $P_{VCu}$ sowie die Klemmenspannung $U_2'$ an den Klemmen
E-F.

# 5 Drehstrom

## Grundlagen

### 5.1 Ohmscher Verbraucher in Sternschaltung

An einem Drehstrom-Vierleiternetz $U = 400/230V$, $f = 50$ Hz sind drei gleiche Widerstände $R = 270\ \Omega$ in Sternschaltung angeschlossen.

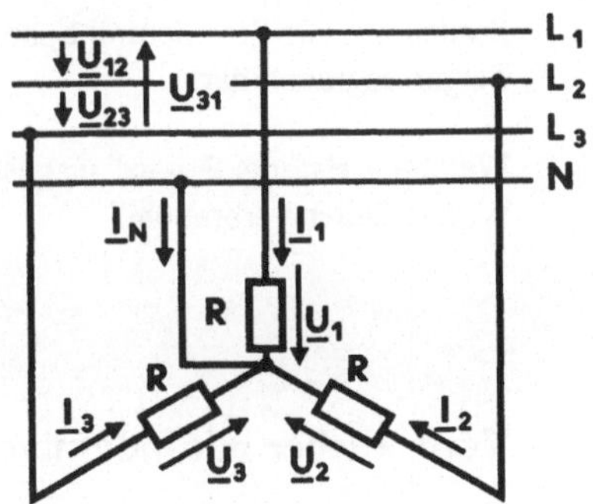

5.1.1 Bestimmen Sie alle angegebenen Ströme und Spannungen.

5.1.2 Stellen Sie alle Ströme und Spannungen in einem Zeigerdiagramm dar.

5.1.3 Welche Leistung P wird insgesamt in den drei Widerständen verbraucht?

### 5.2 Verbraucher mit kapazitiver Komponente in Sternschaltung

An einem Vierleiter-Drehstromsystem mit $U = 400/230$ V, $f = 50$ Hz sind drei Verbraucher, bestehend aus jeweils der Serienschaltung eines Widerstandes $R = 100\ \Omega$ und eines Kondensators mit der Kapazität $C = 4{,}7\ \mu F$, in Sternschaltung angeschlossen.

5.2.1 Bestimmen Sie alle eingezeichneten Ströme und Spannungen.

5.2.2 Stellen Sie für einen Strang alle Ströme und Spannungen in einem Zeigerdiagramm dar.

5.2.3 Welche Scheinleistung S wird vom Netz abgegeben ?

5.2.4 Wie groß sind die Wirkleistung P und die Blindleistung Q?

5.2.5 Zeigen Sie anhand eines Leistungsdreiecks den Zusammenhang zwischen Schein-, Wirk- und Blindleistung.

## 5.3 Ohmscher Verbraucher in Dreieckschaltung

An einem Drehstromnetz mit U = 400/230V, f = 50 Hz sind drei gleich große Widerstände mit R = 270 Ω in Dreieckschaltung angeschlossen.

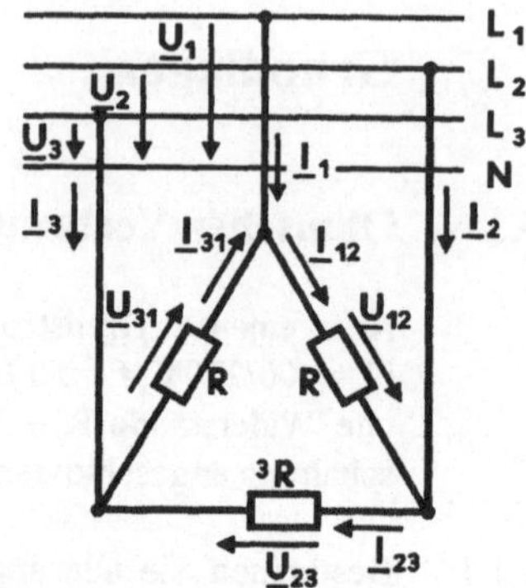



**5.3.1** Bestimmen Sie alle angegebenen Ströme und Spannungen.

**5.3.2** Stellen Sie alle Ströme und Spannungen in einem Zeigerdiagramm dar.

**5.3.3** Welche Leistung P wird insgesamt in den drei Widerständen verbraucht?

## 5.4 Verbraucher mit induktiver Komponente in Dreieckschaltung

An ein Drehstromnetz U = 400/230 V, f = 50 Hz sind drei Verbraucher, bestehend aus jeweils der Parallelschaltung eines Widerstandes R = 100 Ω und einer Spule mit der Induktivität L = 0,5 H, in Dreieckschaltung angeschlossen.

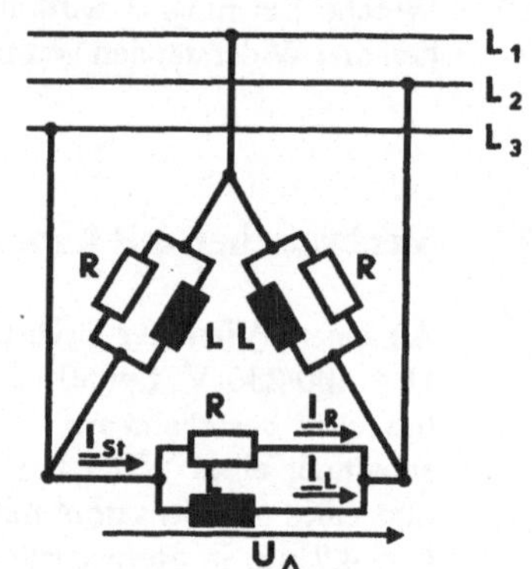



**5.4.1** Bestimmen Sie alle eingezeichneten Ströme und Spannungen.

**5.4.2** Stellen Sie für einen Strang alle Ströme und Spannungen in einem Zeigerdiagramm dar.

**5.4.3** Welche Scheinleistung S wird dem Netz entnommen.

**5.4.4** Wie groß sind die Wirkleistung P und die Blindleistung Q?

**5.4.5** Zeigen Sie anhand des Leistungsdreiecks den Zusammenhang zwischen Schein-, Wirk- und Blindleistung.

## 5.5  Blindleistungskompensation

Ein symmetrischer Verbraucher der in Sternschaltung geschaltet ist, belastet ein Drehstromnetz
$U = 400/230$ V, $f = 50$ Hz, mit einer Scheinleistung
$S = 10$ kVA. Der Phasenwinkel beträgt $\varphi_{UI} = 11°$.

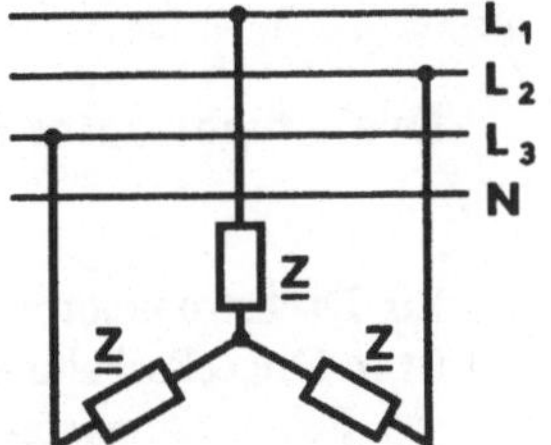

5.5.1  Bestimmen Sie die notwendigen Bauelemente zur
Kompensation der Blindleistung, wenn diese eben-
falls in Sternschaltung angeschlossen werden.

5.5.2  Welchen Wert müssen diese Bauelemente haben,
wenn sie in Dreieck geschaltet werden.

5.5.3  Zeigen Sie anhand eines Zeigerdiagrammes die Auswirkung der Kompensation auf
den $\cos \varphi$.


## 5.6  Ohmscher Verbraucher

Ein symmetrischer ohmscher Verbraucher entnimmt einem Drehstromnetz mit
$U = 400/230$ V eine Wirkleistung $P = 6$ kW.

5.6.1  Wie groß sind die drei Widerstände, wenn sie in Sternschaltung angeschlossen
werden?

5.6.2  Wie groß sind die drei Widerstände, wenn sie in Dreieckschaltung angeschlossen
werden?

5.6.3  Bestimmen Sie für die beiden Fälle 5.6.1 und 5.6.2 die Ströme durch die Widerstände.

# Technische Anwendungen

## 5.7     Drehstrommotor in Dreieckschaltung

Ein Drehstrommotor mit den Nennwerten: $P_N = 7{,}5$ kW, $n_N = 1450$ min$^{-1}$, $I_N = 15$ A ist in Dreieckschaltung an ein Drehstromnetz $U = 400/230$ V, $f = 50$ Hz angeschlossen. Sein Leistungsfaktor beträgt $\cos \varphi = 0{,}86$ (induktiv).

5.7.1     Berechnen Sie das Nenn-Drehmoment $M_N$ des Motors.

5.7.2     Berechnen Sie die dem Netz entnommene Scheinleistung S, die Wirkleistung P und die Blindleistung Q.

5.7.3     Wie hoch ist der Wirkungsgrad $\eta$ des Motors im Nennbetrieb?

5.7.4     Berechnen Sie die Stromstärke $I_{St}$ in einem Motorstrang.

5.7.5     Eine Kondensatorbatterie in Dreieckschaltung soll die Blindleistung des Motors kompensieren. Berechnen Sie die Kapazität $C_\Delta$ und die Mindest-Spannungsfestigkeit $U_{C\Delta}$ der Kompensationskondensatoren.

5.7.6     Berechnen Sie die Kapazität $C_Y$ und die Mindest-Spannungsfestigkeit $U_{CY}$ der Kompensationskondensatoren, wenn die Kondensatorbatterie in Sternschaltung aufgebaut wird.

## 5.8     Drehstrommotor in Sternschaltung

Ein Drehstrommotor in Sternschaltung kann näherungsweise durch das nebenstehende Ersatzschaltbild dargestellt werden. Die Werte der Schaltelemente sind: $R = 21{,}2\ \Omega$, $L = 43{,}5$ mH.

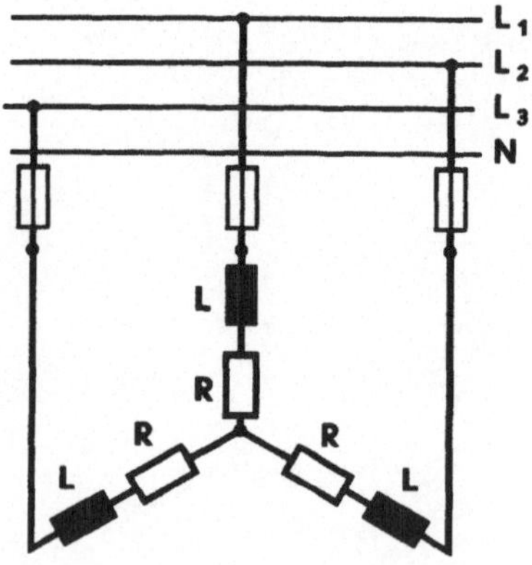


5.8.1     Berechnen Sie den $\cos \varphi$ des Motors.

5.8.2     Berechnen Sie die Strangströme $I_Y$ des Motors.

5.8.3     Berechnen Sie Scheinleistung S, Wirkleistung P und Blindleistung Q des Motors.

5.8.4 Wenn eine der drei gezeichneten Sicherungen in den Motorzuleitungen auslöst, bleibt der Motor bei Belastung stehen, weil sein Drehfeld gestört ist. Er setzt dann seine gesamte aufgenommene Wirkleistung in Wärme um. Weisen Sie rechnerisch nach, daß in diesem Fall die Motor-Verlustleistung $P_V$ geringer ist, wenn man den Sternpunkt - wie vorgeschrieben - **nicht** mit dem Neutralleiter verbindet.

## 5.9 Elektrischer Heizofen

Ein elektrischer Heizofen mit einer Leistungsaufnahme $P = 7{,}5$ kW besteht aus drei gleichen Heizstäben, die in Dreieckschaltung an ein Drehstromnetz $U = 400/230$ V, $f = 50$ Hz angeschlossen sind.

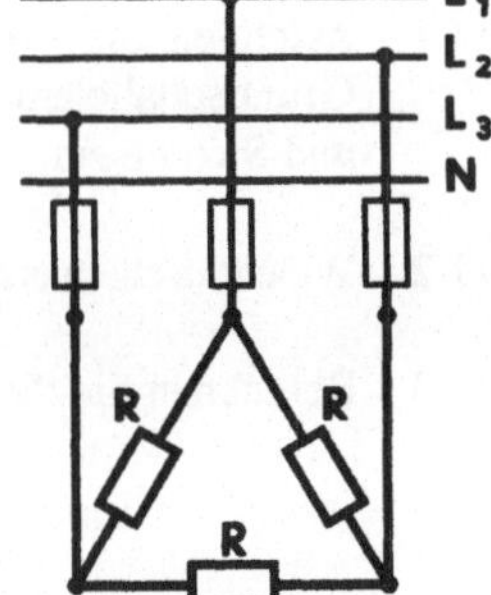


5.9.1 Wie hoch ist der Strom $I_{St}$ in jedem Heizstab?

5.9.2 Wie hoch ist der Strom $I$ in jedem Außenleiter?

5.9.3 Welche Leistung $P_1$ nimmt der Heizofen auf, wenn ein Heizstab unterbrochen ist.

5.9.4 Welche Leistung $P_2$ nimmt der Heizofen auf, wenn alle drei Heizstäbe korrekt angeschlossen sind, aber ein Außenleiter durch Auslösen einer Sicherung unterbrochen ist?

## 5.10 Drehstromnetz einer Maschinenhalle

Eine Maschinenhalle hat ein Drehstromnetz $U = 400/230$ V, $f = 50$ Hz. Diesem Netz wird eine Wirkleistung $P_1 = 400$ kW bei einem $\cos\varphi_1 = 0{,}86$ (induktiv) entnommen.

5.10.1 Wie groß sind die Ströme $I$ in den Außenleitern bei symmetrischer Belastung?

5.10.2 An diesem Netz wird eine zusätzliche Produktionsanlage mit einer Wirkleistung $P_2 = 100$ kW mit $\cos\varphi_2 = 0{,}7$ (induktiv) installiert. Welchen $\cos\varphi_{ges}$ hat das gesamte Netz der Maschinenhalle nun?

5.10.3 Eine Kondensatorbatterie in Dreieckschaltung soll den $\cos\varphi$ auf 0,9 kompensieren. Welche Kapazität $C$ müssen die Kompensations-Kondensatoren aufweisen?

5.10.4 In welcher Schaltungsart (Stern- oder Dreieckschaltung) muß die Spannungsfestigkeit der Kompensationskondensatoren höher sein?

## 5.11  Verbraucher in Stern- und Dreieckschaltung

An ein Vierleiter-Drehstromnetz $U = 400/230$ V, $f = 50$ Hz sind folgende Verbraucher angeschlossen:

- Ein Drehstrommotor in Dreieckschaltung mit  aufgenommener Scheinleistung $S_1 = 55$ kVA, $\cos\varphi_1 = 0,85$.

- ein Schmelzofen (Ohmscher Verbraucher) in Sternschaltung mit einer Wirkleistung von $P_2 = 33$ kW,

5.11.1  Zeichnen Sie ein Schaltbild der gesamtem Anlage, wobei die Motorstränge in ihre Grundschaltelemente aufgelöst sind. Tragen Sie die Zählpfeile für alle Spannungen und Ströme ein.

5.11.2  Welche Scheinleistung S, Wirkleistung P und Blindleistung Q muß das Netz liefern?

5.11.3  Berechnen Sie die Ströme $I_1$, $I_2$ und $I_3$ in den drei Außenleitern $L_1$, $L_2$ und $L_3$.


## 5.12  Drehstromtransformator

Ein Drehstromtransformator kann maximal eine Scheinleistung $P_T = 10$ kVA übertragen.

5.12.1  Weisen Sie nach, daß an diesem Transformator die beiden nachstehend beschriebenen Drehstrommotoren nicht betrieben werden können.

Motor 1: $P_1 = 5$ kW, $\cos\varphi_1 = 0,8$ (induktiv),
Motor 2: $P_2 = 4$ kW, $\cos\varphi_2 = 0,7$ (induktiv).

5.12.2  Kann der Transformator durch Blindleistungskompensation doch für diesen Anwendungsfall genutzt werden?

5.12.3  Welche Kapazität müßten die Kondensatoren einer Kondensatorbatterie in Dreieckschaltung haben, um die Blindleistung der beiden Motoren zu kompensieren?

# 6 Nichtlineare Bauelemente

## 6.1 Heißleiter (NTC)

Von einem temperaturabhängigen Widerstand $R_N$ ist die statische Kennlinie gegeben.

| $\vartheta/°C$ | 40 | 50 | 60 | 70 | 80 | 90 | 100 | 110 | 120 |
|---|---|---|---|---|---|---|---|---|---|
| $R_N/k\Omega$ | 2,5 | 1,7 | 1,32 | 1,1 | 0,8 | 0,65 | 0,5 | 0,4 | 0,35 |
| $R_G$ | | | | | | | | | |

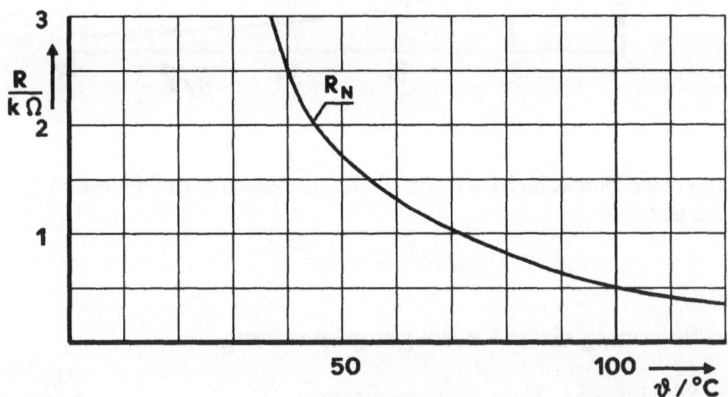


**6.1.1** Bestimmen Sie den Temperaturkoeffizienten $\alpha_{50}$ des Heißleiters bei einer Betriebstemperatur $\vartheta = 50°C$.

**6.1.2** Zur Linearisierung der Kennlinie wird dem NTC-Widerstand ein temperaturunabhängiger Widerstand $R = 1,5$ k$\Omega$ parallelgeschaltet. Berechnen und zeichnen Sie die resultierende Widerstandskennlinie $R_G$ als Funktion der Temperatur $\vartheta$.

## 6.2 Überlastschutz mit Kaltleiter

In die Spannungsversorgung eines Gleichstrommotors mit einem Wirkwiderstand $R_M = 6\,\Omega$ wird ein PTC-Widerstand (Kaltleiter) als Überlastschutz eingebaut.

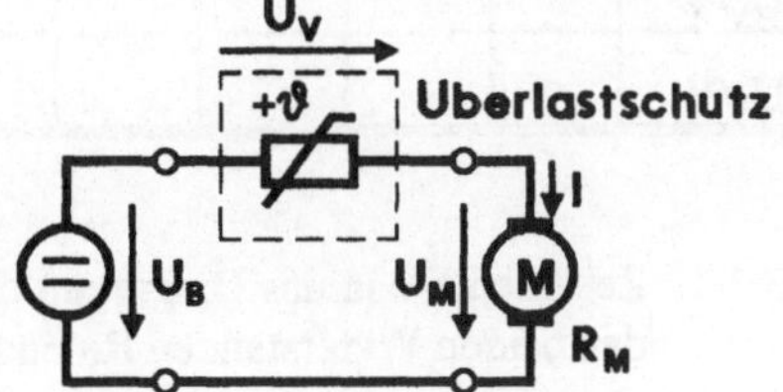

6.2.1 Welche Motorspannung $U_M$, welcher Strom I und welche Leistung P ergibt sich im Normalbetrieb bei einer Versorgungsspannung $U_B$ = 24 V, wenn die statische Kennlinie des PTC folgenden Verlauf hat?

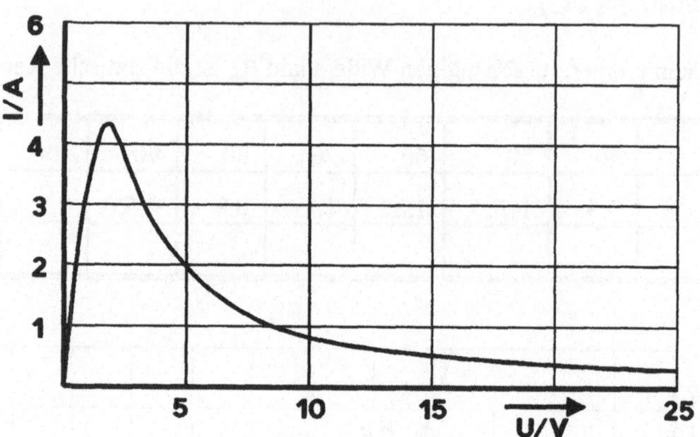

6.2.2 Durch einen Defekt im Motor tritt ein Kurzschluß auf. Auf welchen Wert $I_k$ sinkt der Strom ab?

## 6.3 Stabilisierung einer Versorgungsspannung

Zur Stabilisierung einer Versorgungsspannung wird einem Vorwiderstand $R_V$ = 150 Ω ein Heißleiter $R_N$ in Serie geschaltet. Die statische Strom- Spannungskennlinie $U_N$ = f(I) ist in nachfolgender Tabelle gegeben und im Diagramm grafisch dargestellt. Die Eingangsspannung beträgt $U_0$ = 12 V.

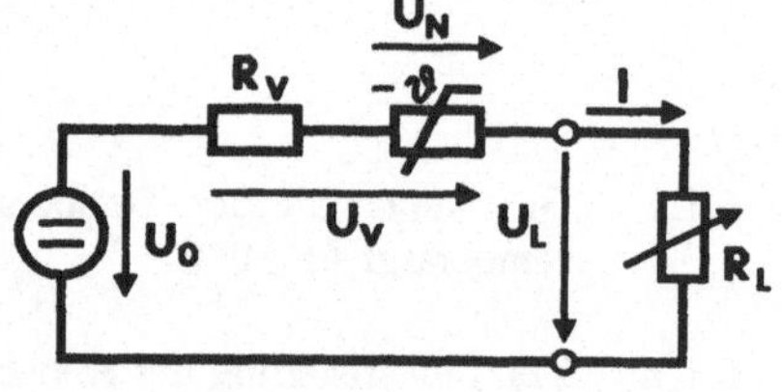

| I/mA | 1 | 2 | 4 | 6 | 8 | 10 | 12 | 14 | 16 | 18 | 20 |
|---|---|---|---|---|---|---|---|---|---|---|---|
| $U_N$/V | 3,8 | 3,8 | 3,3 | 2,8 | 2,5 | 2,3 | 2,1 | 1,95 | 1,8 | 1,75 | 1,7 |
| $U_V$/V | | | | | | | | | | | |
| $U_L$/V | | | | | | | | | | | |

6.3.1 Zeichnen Sie in das Diagramm die resultierende Kennlinie für die Serienschaltung aus den beiden Widerständen $R_V$ und $R_N$ ein.

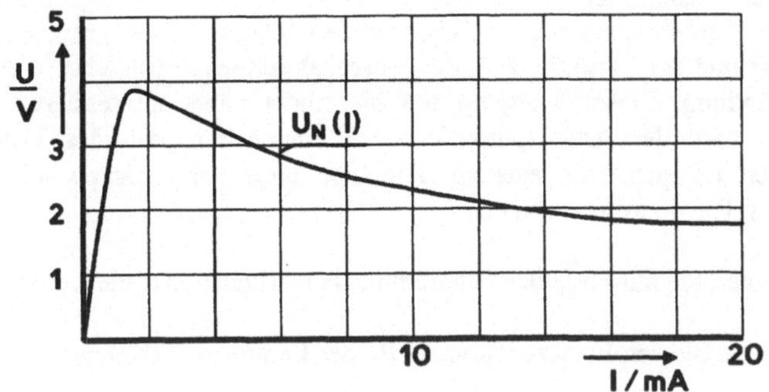


6.3.2 Wie groß ist die prozentuale Abweichung a der Ausgangsspannung $U_L$ von ihrem Mittelwert für einen Strombereich von $I = 2$ mA bis $I = 20$ mA?

## 6.4 Leuchtstofflampe

Die nebenstehende Schaltskizze zeigt das Ersatzschaltbild einer Leuchtstofflampe mit Vorschaltgerät (Drosselspule). Der Ersatzwiderstand $R_L$ ist der Quotient aus Lampenspannung und Lampenstrom im Arbeitspunkt der Lampe. Nur für diesen Punkt kann man einen festen Wert $R_L$ definieren, denn in Wirklichkeit ist der Zusammenhang zwischen Spannung und Strom gemäß dem gezeichneten Diagramm nichtlinear.

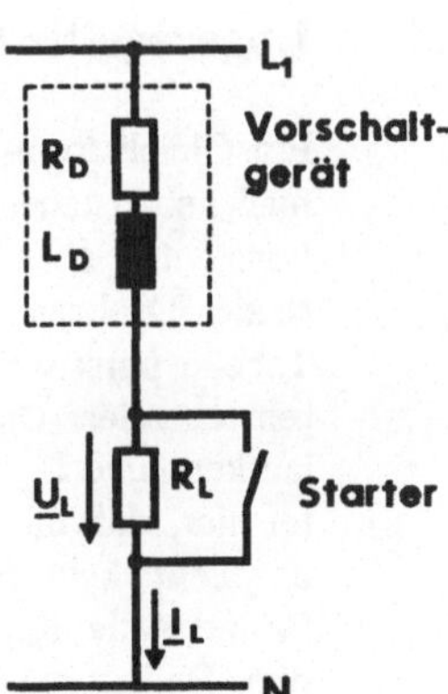


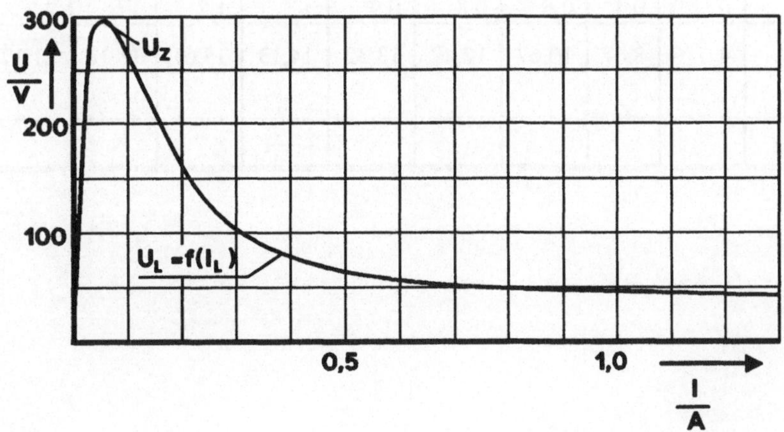

Beim Einschalten der Lampe muß zunächst einmal die Zündspannung $U_Z$, die höher als die Betriebsspannung ist, überwunden werden. Dies geschieht mit Hilfe des Starters und der Induktivität L des Vorschaltgerätes in ähnlicher Weise wie bei einer Kfz-Zündung. Dieser Vorgang soll hier nicht näher interessieren. Im stationären Betrieb wird der Arbeitspunkt dadurch eingehalten, daß das Vorschaltgerät den richtigen Lampenstrom einstellt. Die hier dargestellte Lampe soll dem Netz eine Leistung P = 40 W entnehmen.

6.4.1 Bestimmen Sie mit Hilfe des Diagramms den Arbeitspunkt der Leuchtstofflampe.

6.4.2 Berechnen Sie den Ersatzwiderstand $R_L$ der Lampe im Arbeitspunkt.

6.4.3 Welchen Wicklungswiderstand $R_D$ muß eine Drosselspule mit einer Induktivität $L_D = 0{,}88$ H haben, damit sich der gewünschte Arbeitspunkt einstellt?

6.4.4 Berechnen Sie die Verlustleistung $P_V$, die vom Vorschaltgerät verbraucht wird.

## 6.5 Ungeregelter Gleichstrom-Nebenschlußgenerator

Ein Gleichstrom-Nebenschlußgenerator gemäß nebenstehender Schaltskizze weist bei konstanter, aber hier nicht näher interessierender Drehzahl, die in der nachfolgenden Tabelle punktweise dargestellte und in untenstehendem Diagramm gezeichnete Leerlaufkennlinie $U_q = f(I_e)$ auf. Leerlauf bedeutet hier, daß die Klemmen A-B offen sind, es fließt kein Strom $I_a$. Die Werte der Widerstände: $R_{iG} = 0{,}2\ \Omega$, $R_e = 7{,}8\ \Omega$, die Induktivität $L_e$ der Erregerwicklung ist hier ohne Bedeutung (Gleichstrom).

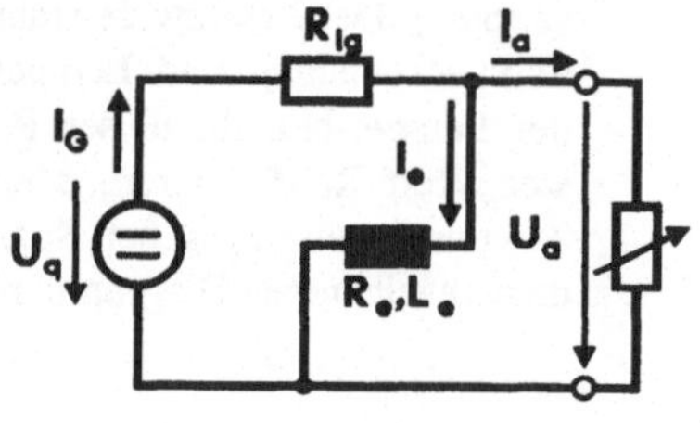

| $I_e$/A | 0 | 0,4 | 0,6 | 0,8 | 0,9 | 1 | 1,2 | 1,6 | 2,2 | 3 |
|---|---|---|---|---|---|---|---|---|---|---|
| $U_q$/V | 4 | 8,67 | 10,67 | 12,49 | 13,32 | 14,13 | 15,61 | 18,17 | 21,17 | 24 |
| $I_e$/A | | | | | | | | | | |
| $U_q$/V | | | | | | | | | | |

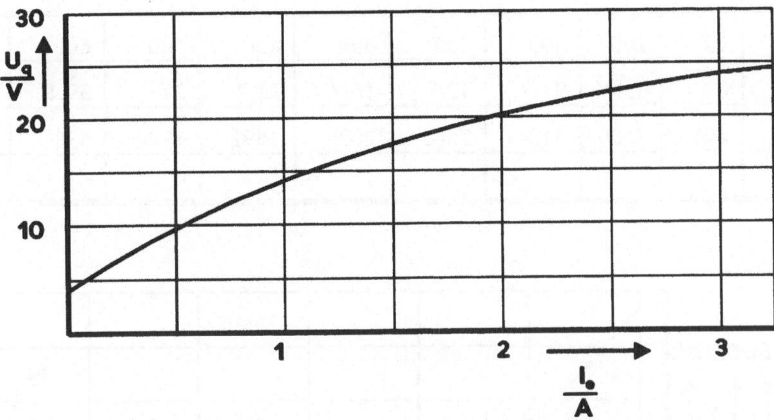

6.5.1 Bestimmen Sie mit Hilfe des Diagramms die sich zwischen den Klemmen A und B einstellende Leerlaufspannung $U_{G0}$ und den Leerlauf-Erregerstrom $I_{e0}$.

6.5.2 Vervollständigen Sie die vorgegebene Tabelle, indem Sie unter Verwendung der Leerlaufkennlinie für die vorgegebenen Werte von $I_e$ und $U_q$ zunächst die zugehörigen Werte von $I_a$ ermitteln und daraus die Werte von $U_G$ berechnen.

6.5.3 Zeichnen Sie mit Hilfe der Tabelle aus 6.5.2 die Kennlinien $U_q = f(I_a)$ und $U_G = f(I_a)$ in ein gemeinsames Diagramm ein.

6.5.4 Bestimmen Sie aus dem Diagramm den maximal abgebbaren Strom $I_{amax}$ des Generators.

6.5.5 Wie hoch ist der Kurzschlußstrom $I_{ak}$ des Generators (Klemmen A-B kurzgeschlossen) bei der gegeben konstanten Drehzahl?

## 6.6 Kfz-Starter

Im Datenblatt eines Kfz-Starters sind die hier vereinfacht wiedergegebenen Kennlinien $M = f(I)$ und $n = f(I)$ enthalten. Diese Kurven stellen die in der nachfolgenden Tabelle aufgelisteten Meßpunkte grafisch dar. Die Daten der zugehörigen Starterbatterie sind: $U_B = 24$ V, $R_i = 0,007$ $\Omega$. Der Verbrennungsmotor, der durch den Starter angelassen werden soll, benötigt eine Starterdrehzahl $n_0 = 1200$ min$^{-1}$.

| I/A | 100 | 200 | 300 | 350 | 400 | 450 | 500 | 600 | 700 |
|---|---|---|---|---|---|---|---|---|---|
| M/Nm | 0 | 3,4 | 9 | 12,7 | 16,9 | 21,7 | 27 | 39,4 | 5454 |
| n/min$^{-1}$ | 6713 | 4600 | 3124 | 2542 | 2036 | 1592 | 1200 | 538 | 0 |
| P/W | | | | | | | | | |

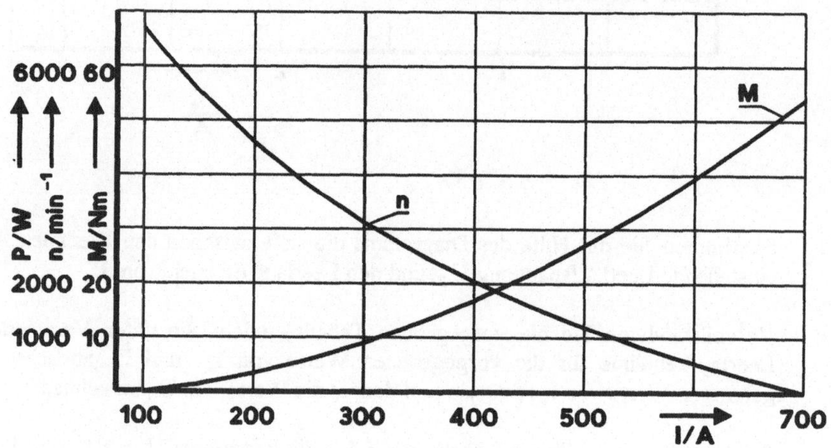


6.6.1    Welcher Starterstrom $I_0$ stellt sich bei der Startdrehzahl $n_0$ ein und welches Startdrehmoment bringt der Starter auf?

6.6.2    Ergänzen Sie in der gegebenen Tabelle die Werte für die Starterleistung P und tragen Sie die Kurve $P = f(I)$ in das Diagramm ein.

6.6.3.    Auf welchen Wert $U_B'$ sinkt die Klemmenspannung der Starterbatterie bei der Startdrehzahl $n_0$ ab?

6.6.4    Wie hoch ist der Wirkungsgrad $\eta$ des Starters bei der Startdrehzahl $n_0$?

6.6.5    Wie hoch ist der Wirkungsgrad $\eta_{ges}$ der gesamten Startanlage einschließlich der Starterbatterie?

## 6.7 Drehstrom-Asynchronmotor

Ein Drehstrom-Asynchronmotor (U = 400 V) weist die unten gezeichneten Verläufe von Drehmoment M und Strom I in Abhängigkeit von der Drehzahl n auf.

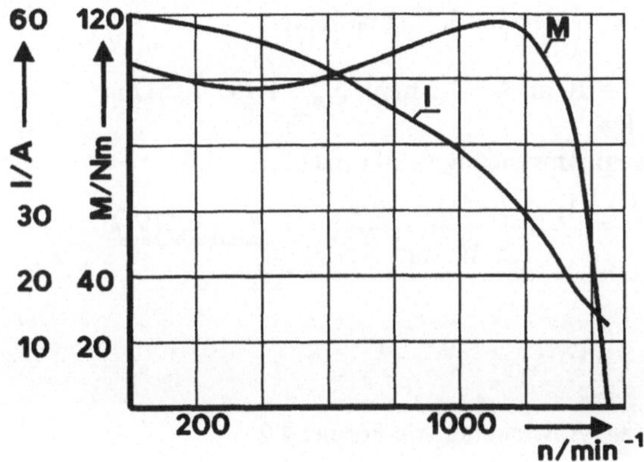



6.7.1 Welche Drehzahl $n_a$ stellt sich ein, wenn die anzutreibende Arbeitsmaschine ein konstantes, drehzahlunabhängiges Lastmoment $M_a$ = 50 Nm aufbringt? Ermitteln Sie den Strom $I_a$, der bei diesem Lastmoment fließt.

6.7.2 Wie hoch ist der Wirkungsgrad $\eta_a$ des Motors, wenn im gesuchten Arbeitspunkt die Spannung $\underline{U}$ dem Strom $\underline{I_a}$ um den Winkel $\varphi_a$ = 30° vorauseilt?

# Lösungen zu 1 (Gleichstrom)

## Grundlagen

### 1.1 Spezifischer Widerstand, Stromdichte

**1.1.1** **Gegeben:** $l = 10$ m, $A = 1,5$ mm², $\varrho_{Cu} = 1,79 \cdot 10^{-8}$ Ωm.
**Gesucht:** $R = ?$.
**Lösungsweg:** Anwendung von Formel 2.1.

$$R = \frac{\varrho_{Cu}\, l}{A} = \frac{1,79 \cdot 10^{-8}\,\Omega m \cdot 10\,m}{1,5 \cdot 10^{-6}\,m^2}, \qquad \underline{\underline{R = 0,119\,\Omega}}.$$

**1.1.2** **Gegeben:** $I = 10$ A.
**Gesucht:** $S = ?$.
**Lösungsweg:** Anwendung von Formel 4.2.

$$S = \frac{I}{A} = \frac{10 A}{1,5\,mm^2}, \qquad \underline{\underline{S = 6,67\,\frac{A}{mm^2}}}.$$

**1.1.3** **Gegeben:** $l = 10$ m, $A = 1,5$ mm², $\varrho_{Al} = 2,6 \cdot 10^{-8}$ Ωm.
**Gesucht:** $R = ?$.
**Lösungsweg:** Anwendung von Formel 2.1.

$$R = \frac{\varrho_{Cu}\, l}{A} = \frac{2,6 \cdot 10^{-8}\,\Omega m \cdot 10\,m}{1,5 \cdot 10^{-6}\,m^2}, \qquad \underline{\underline{R = 0,173\,\Omega}}.$$

### 1.2 Temperaturabhängigkeit eines Widerstandes

**Gegeben:** $l = 5$ m, $A = 2,5$ mm², $\varrho_{Cu} = 1,79 \cdot 10^{-8}$ Ωm, $\alpha = 3,9 \cdot 10^{-3}$ K⁻¹, $\vartheta = 70°$ C
**Gesucht:** $\Delta R/R = ?$
**Lösungsweg:** Anwendung von Formel 2.2.

$$R_{kalt} = \frac{\varrho_{Cu}\, l}{A} = \frac{1,79 \cdot 10^{-8}\,\Omega m \cdot 5\,m}{2,5 \cdot 10^{-6}\,m^2} = \underline{\underline{0,0358\,\Omega}}.$$

$$R_{warm} = R_{kalt}(1 + \alpha \cdot \Delta T) = R_{kalt}[1 + \alpha(\vartheta - 20°C)],$$

$$R_{warm} = 0,0358\,\Omega(1 + 3,9 \cdot 10^{-3} K^{-1} \cdot 50 K) = \underline{\underline{0,0428\,\Omega}}.$$

$$\frac{\Delta R}{R} = \frac{0,0428\,\Omega - 0,0358\,\Omega}{0,0358\,\Omega} = 0,195, \qquad \underline{\underline{\frac{\Delta R}{R} = 19,5\%}}.$$

## 1.3 Zusammenfassen von Widerständen

**Gegeben:** $R_1 = 56\,\Omega$, $R_2 = 33\,\Omega$, $R_3 = 68\,\Omega$, $R_4 = 100\,\Omega$.
**Lösungsweg für 1.3.1 bis 1.3.4:** Anwenden der Formeln 4.15 und 4.16.

**1.3.1 Gesucht: R = ?.**

$$R = R_1 + R_2 \| R_3 = R_1 + \frac{R_2 R_3}{R_2 + R_3} = 56\Omega + \frac{33 \cdot 68}{33 + 68}\Omega\,,$$

$$\underline{\underline{R = 78,22\Omega}}\,.$$

**1.3.2 Gesucht: R = ?.**

$$R = (R_1 + R_2) \| R_3 = \frac{(R_1 + R_2)R_3}{R_1 + R_2 + R_3} = \frac{(56 + 33) \cdot 68}{56 + 33 + 68}\Omega\,,$$

$$\underline{\underline{R = 38,55\Omega}}\,.$$

**1.3.3 Gesucht: R = ?.**

$$R = (R_1 \| R_3) + (R_2 \| R_4) = \frac{R_1 R_3}{R_1 + R_3} + \frac{R_2 R_4}{R_2 + R_4}\,,$$

$$R = \frac{56 \cdot 68}{56 + 68}\Omega + \frac{33 \cdot 100}{33 + 100}\Omega\,, \qquad \underline{\underline{R = 55,52\,\Omega}}\,.$$

**1.3.4 Gesucht: R = ?.**

$$G = \frac{1}{R_1 + R_2} + \frac{1}{R_3} + \frac{1}{R_4} = \frac{1}{56 + 33}S + \frac{1}{68}S + \frac{1}{100}S\,,$$

$$G = \underline{0,0359\,S}\,, \qquad R = \frac{1}{G} = \frac{1}{0,0359\,S}\,, \qquad \underline{\underline{R = 27,82\Omega}}\,.$$

## 1.4  Spannungsteiler

**Gegeben:** $U_0 = 24$ V, $R_1 = 3{,}3$ k$\Omega$, $R_2 = 4{,}7$ k$\Omega$.

**1.4.1**  **Gesucht:** $U_1 = ?$, $U_2 = ?$.
**Lösungsweg:** Anwenden der Spannungsteilerregel (Formel 4.17).

$$\frac{U_2}{U_0} = \frac{R_2}{R_1 + R_2}, \qquad U_2 = U_0 \frac{R_2}{R_1 + R_2},$$

$$U_2 = 24\,V \frac{4{,}7\,k\Omega}{(3{,}3 + 4{,}7)\,k\Omega}, \qquad \underline{\underline{U_2 = 14{,}1\,V}}.$$

$U_1$ kann durch Anwenden der Maschenregel (Formel 4.14) berechnet werden:

$$U_1 = U_0 - U_2 = 24\,V - 14{,}1\,V, \qquad \underline{\underline{U_1 = 9{,}9\,V}}.$$

**1.4.2**  **Gesucht:** $I = ?$.
**Lösungsweg:**
a) Zusammenfassen von $R_1$ und $R_2$ zu einem Gesamtwiderstand R mit Hilfe von Formel 4.15.
b) Anwendung des Ohmschen Gesetzes (Formel 4.3).

zu a)
$$R = R_1 + R_2 = 3{,}3\,k\Omega + 4{,}7\,k\Omega = 8\,k\Omega.$$

zu b)
$$I = \frac{U_0}{R} = \frac{24\,V}{8\,k\Omega}, \qquad \underline{\underline{I = 3\,mA}}.$$

**1.4.3**  **Gesucht:** $P_1 = ?$, $P_2 = ?$.
**Lösungsweg:** Anwendung von Formel 4.9.

$$P_1 = I^2 R_1 = (3\,mA)^2 \cdot 3{,}3\,k\Omega, \qquad \underline{\underline{P_1 = 29{,}7\,mW}}.$$

$$P_2 = I^2 R_2 = (3\,mA)^2 \cdot 4{,}7\,k\Omega, \qquad \underline{\underline{P_2 = 42{,}3\,mW}}.$$

## 1.5 Stromteiler

**Gegeben:** $U_0 = 24$ V, $R_1 = 2{,}7$ k$\Omega$, $R_2 = 5{,}6$ k$\Omega$.

**1.5.1** **Gesucht:** Gesamtleitwert $G = ?$.
**Lösungsweg:** Addieren der Leitwerte von $R_1$ und $R_2$.

$$G = \frac{1}{R_1} + \frac{1}{R_2} = \frac{1}{2{,}7 \cdot 10^3 \Omega} + \frac{1}{5{,}6 \cdot 10^3 \Omega} , \qquad \underline{\underline{G = 548{,}9\,\mu S}} .$$

**1.5.2** **Gesucht:** $I_1 = ?$, $I_2 = ?$.
**Lösungsweg:** Anwendung des Ohmschen Gesetzes (Formel 4.3).

$$I_1 = \frac{U_0}{R_1} = \frac{24\,V}{2{,}7\,k\Omega} , \qquad \underline{\underline{I_1 = 8{,}889\,mA}} .$$

$$I_2 = \frac{U_0}{R_2} = \frac{24\,V}{5{,}6\,k\Omega} , \qquad \underline{\underline{I_2 = 4{,}286\,mA}} .$$

## 1.6 Stromkreis mit Spannungs- und Stromteiler

**Gegeben:** $U_0 = 6$ V, $R_1 = 390\ \Omega$, $R_2 = 470\ \Omega$, $R_3 = 220\ \Omega$.

**1.6.1** **Lösungsweg:** Anwenden der Regeln zum Zusammenfassen von Widerständen (Formeln 4.15 und 4.16).

$$R = R_1 + (R_2 \| R_3) = R_1 + \frac{R_2 R_3}{R_2 + R_3} ,$$

$$R = 390\,\Omega + \frac{470 \cdot 220}{470 + 220}\,\Omega , \qquad \underline{\underline{R = 539{,}8\,\Omega}} .$$

**1.6.2** **Gesucht:** $I_1 = ?$.
**Lösungsweg:** Anwendung des Ohmschen Gesetzes (Formel 4.3).

$$I_1 = \frac{U_0}{R} = \frac{6\,V}{539{,}8\,\Omega} , \qquad \underline{\underline{I_1 = 11{,}11\,mA}} .$$

**1.6.3**  **Gesucht:** $U_1 = ?$, $U_2 = ?$.
**Lösungsweg:** Berechnen von $U_1$ mit Hilfe von Formel 4.3 (Ohmsches Gesetz), dann Ermitteln von $U_2$ durch Anwenden von Formel 4.14 (Maschenregel).

$$U_1 = I_1 R_1 = 11{,}11\,mA \cdot 390\Omega, \qquad \underline{\underline{U_1 = 4{,}333\,V}}.$$

$$U_2 = U_0 - U_1 = 6V - 4{,}333\,V, \qquad \underline{\underline{U_2 = 1{,}667\,V}}.$$

**1.6.4**  **Gesucht:** $I_2 = ?$, $I_3 = ?$.
**Lösungsweg:** Anwendung des Ohmschen Gesetzes (Formel 4.3).

$$I_2 = \frac{U_2}{R_2} = \frac{1{,}667\,V}{470\Omega}, \qquad \underline{\underline{I_2 = 3{,}547\,mA}}.$$

$$I_3 = \frac{U_2}{R_3} = \frac{1{,}667\,V}{220\Omega}, \qquad \underline{\underline{I_3 = 7{,}577\,mA}}.$$

## 1.7  Leistungsberechnung an Gleichstromverbrauchern

**Gegeben:** $U_0 = 10\,V$, $R_i = 33\,\Omega$, $R_a = 47\,\Omega$.

**1.7.1**  **Gesucht:** $P_0 = ?$, $P_a = ?$, $P_i = ?$.
**Lösungsweg:** Berechnen des Stromes I mit Formel 4.3; daraus die Leistungen nach Formel 4.9.

$$I = \frac{U_0}{R_i + R_a} = \frac{10V}{(33+47)\Omega}, \qquad \underline{\underline{I = 0{,}125\,A}}.$$

$$P_0 = U_0 I = 10V \cdot 0{,}125\,A. \qquad \underline{\underline{P_0 = 1{,}25\,W}}.$$

$$P_a = I^2 R_a = (0{,}125\,A)^2 \cdot 47\Omega, \qquad \underline{\underline{P_a = 0{,}734\,W}}.$$

$$P_i = I^2 R_i = (0{,}125\,A)^2 \cdot 33\Omega, \qquad \underline{\underline{P_i = 0{,}516\,W}}.$$

**1.7.2   Gesucht:** $\eta = ?$.
**Lösungsweg:** Der Wirkungsgrad ist der Quotient aus abgegebener zu erzeugter Leistung.

$$\eta = \frac{P_a}{P_0} = \frac{0{,}734\,W}{1{,}25\,W} = 0{,}587\,, \qquad \underline{\eta = 58{,}7\,\%}\,.$$

**1.7.3   Gesucht:** $R_a = ?$.
**Lösungsweg:** Leistungsanpassung bei $R_a = R_i$ (Formel 4.12).

$$R_a = R_i = 33\,\Omega; \qquad P_{max} = \frac{U_0^2}{4\,R_i} = \frac{100\,V^2}{4 \cdot 33\,\Omega}\,, \qquad \underline{P_{max} = 0{,}757\,W}\,.$$

## 1.8   Ersatzschaltbilder von Zweipolen

**Gegeben:** $U_0 = 12$ V, $R_1 = 4{,}7$ kΩ, $R_2 = 6{,}8$ kΩ, $R_3 = 3{,}3$ kΩ.

**1.8.1   Gesucht:** $U_q = ?$, $R_i = ?$, $I_k = ?$.
**Lösungsweg:**
a) Bestimmen der Leerlaufspannung $U_{aL}$ der Schaltung durch Anwenden der Spannungsteilerregel. Ersatz-Quellenspannung $U_q = U_{aL}$.

b $U_0$ ist eine ideale Spannungsquelle, sie darf deshalb zur Berechnung des Innenwiderstandes der Schaltung kurzgeschlossen werden.

c) Man schließt die Klemmen A-B kurz und berechnet den zwischen A und B fließenden Kurzschlußstrom $I_k$.

zu a)

$$\frac{U_{aL}}{U_0} = \frac{R_2}{R_1 + R_2}\,, \qquad U_{aL} = U_0 \frac{R_2}{R_1 + R_2}\,,$$

$$U_{aL} = 12\,V \frac{6{,}8\,k\Omega}{4{,}7\,k\Omega + 6{,}8\,k\Omega}\,, \qquad \underline{U_{aL} = 7{,}096\,V}\,.$$

zu b)

$$R_i = R_1 \| R_2 = \frac{R_1 R_2}{R_1 + R_2} = \frac{4,7 \cdot 6,8}{4,7 + 6,8} k\Omega,$$

$$\underline{\underline{R_i = 2,779 \, k\Omega}}.$$

zu c)

$$I_K = \frac{U_q}{R_1} = \frac{12\,V}{4,7\,k\Omega},$$

$$\underline{\underline{I_K = 2,553 \, mA}}.$$

Probe:

$$I_k = \frac{U_q}{R_i} = \frac{7,096\,V}{2,779\,k\Omega},$$

$$\underline{\underline{I_k = 2,553 \, mA}}.$$

**Anmerkung:** Da die Belastungskennlinie des aktiven Zweipols eine Gerade ist, genügt es, von den drei Parametern $U_q$, $R_i$, $I_k$ nur zwei zu bestimmen und den dritten nach der Formel $U_q = I_k \cdot R_i$ zu berechnen. Der Widerstand $R_2$ liegt parallel zu den Klemmen A-B, er wird daher im Kurzschlußfalle überbrückt, wodurch die Berechnung des Kurzschlußstromes $I_k$ besonders einfach wird. Dies gilt auch für ähnliche Fälle, bei denen ein Widerstand parallel zu den Ausgangsklemmen liegt.

**1.8.2**  **Gesucht:** $U_q = ?$
**Lösungsweg:**
a) Bestimmen der Leerlaufspannung $U_{aL}$ der Schaltung durch Anwendung der Spannungsteilerregel für $R_2$ und $R_3$. Man beachte, daß der Widerstand $R_1$ keinen Einfluß auf die Ausgangsspannung hat, da er parallel zur Spannungsquelle $U_0$ liegt. Dadurch liegt an $R_1$, unabhängig von seinem Widerstandswert, immer die **eingeprägte** Spannung $U_0$ an.

b) Man schließt zur Berechnung des Innenwiderstandes die Spannungsquelle $U_0$ kurz. Dies hat zur Folge, daß der Widerstand $R_1$ überbrückt wird und deshalb den Innenwiderstand nicht beeinflußt.

c) Man schließt die Klemmen A-B kurz und berechnet den zwischen ihnen fließenden Kurzschlußstrom $I_k$.

**zu a)**

$$\frac{U_{aL}}{U_0} = \frac{R_3}{R_2 + R_3}, \qquad U_{aL} = U_0 \frac{R_3}{R_2 + R_3},$$

$$U_{aL} = 12\,V \frac{3,3\,k\Omega}{(6,8 + 3,3)\,k\Omega}, \qquad \underline{\underline{U_{aL} = 3,92\,V}}.$$

**zu b)**

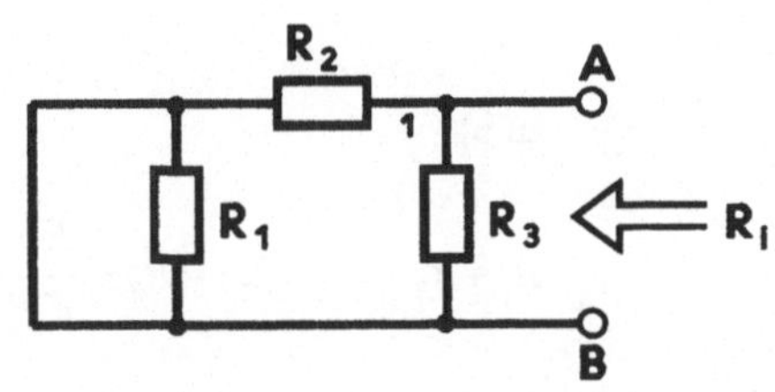


$$R_i = R_2 \| R_3 = \frac{R_2 R_3}{R_2 + R_3},$$

$$R_i = \frac{6,8 \cdot 3,3}{6,8 + 3,3}\,k\Omega,$$

$$\underline{\underline{R_i = 2,22\,k\Omega}}.$$

**zu c)**

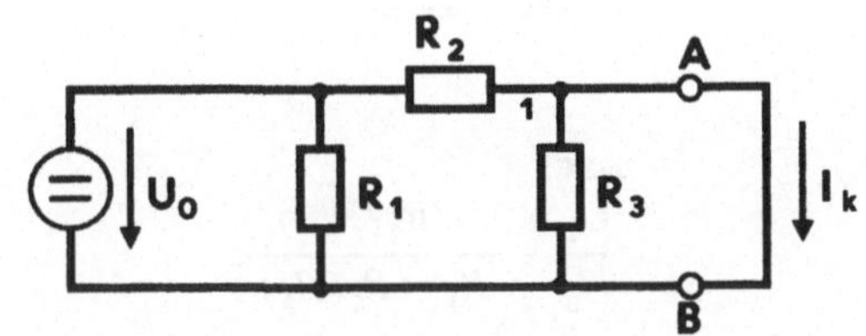


$$I_k = \frac{U_0}{R_2} = \frac{12\,V}{6,8\,k\Omega},$$

$$\underline{\underline{I_k = 1,765\,mA}}.$$

**Probe:**

$$I_k = \frac{U_q}{R_i} = \frac{3,92\,V}{2,22\,k\Omega}, \qquad \underline{\underline{I_k = 1,765\,mA}}.$$

**Anmerkung:** Auch bei dieser Aufgabe liegt ein Widerstand ($R_3$) parallel zu den Ausgangsklemmen des Zweipols. Dadurch wird die Berechnung des Kurzschluß-stromes sehr einfach.

**1.8.3**    **Gesucht:** $U_q = ?,\ R_i = ?,\ I_k = ?$.

**Lösungsweg:**

a) Bestimmen der Leerlaufspannung $U_{aL}$ der Schaltung durch Anwenden der Spannungsteilerregel. Man beachte, daß der Widerstand $R_3$ nicht in die Berechnung der Leerlaufspannung eingeht, da im Leerlauf an ihm keine Spannung abfällt.

b) Ermitteln des Innenwiderstandes bei kurzgeschlossener Spannungsquelle.

c) Man schließt die Klemmen A-B kurz und berechnet den zwischen A und B fließenden Kurzschlußstrom $I_k$.

zu a)

$$\frac{U_{al}}{U_0} = \frac{R_2}{R_1 + R_2}, \qquad U_{al} = U_0 \frac{R_2}{R_1 + R_2},$$

$$U_{aL} = 12\,V\frac{6,8\,k\Omega}{(4,7 + 6,8\,k\Omega)}, \qquad \underline{\underline{U_{aL} = 7,096\,V}}.$$

zu b)

$$R_i = R_3 + (R_1 \| R_2) = R_3 + \frac{R_1 \cdot R_2}{R_1 + R_2},$$

$$R_i = 3,3\,k\Omega + \frac{4,7 \cdot 6,8}{4,7 + 6,8}\,k\Omega,$$

$$\underline{\underline{R_i = 6,079\,k\Omega}}.$$

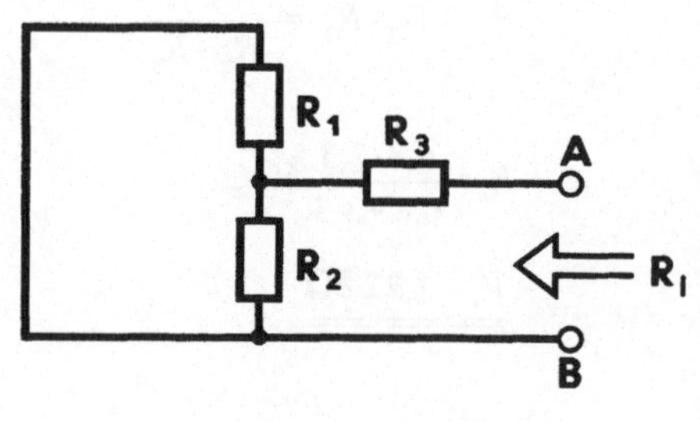


zu c)

$$\frac{U_2}{U_0} = \frac{R_2 \| R_3}{R_1 + (R_2 \| R_3)},$$

$$R_2 \| R_3 = \frac{R_2 \cdot R_3}{R_2 + R_3} = \frac{6,8 \cdot 3,3}{6,8 + 3,3}\,k\Omega,$$

$$U_2 = 12\,V\frac{2,22\,k\Omega}{(4,7 + 2,22)\,k\Omega} = \underline{\underline{3,85\,V}},$$

$$I_k = \frac{U_2}{R_3} = \frac{3,85\,V}{3,3\,k\Omega}, \qquad \underline{\underline{I_k = 1,17\,mA}}.$$

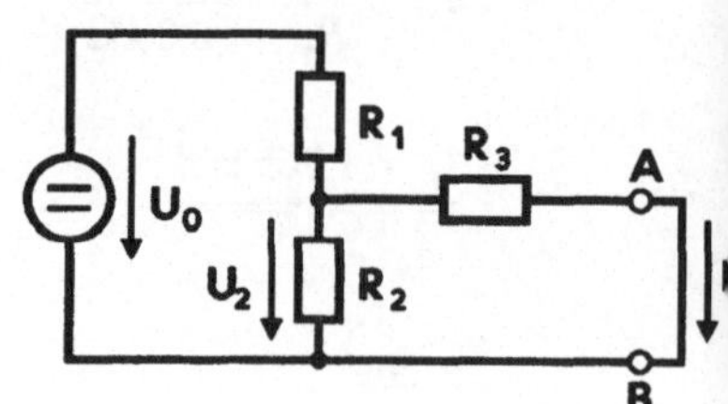


Probe:

$$I_k = \frac{U_q}{R_i} = \frac{7,096\,V}{6,079\,k\Omega}, \qquad \underline{\underline{I_k = 1,17\,mA}}.$$

**Anmerkung:** Da in diesem Falle ein Widerstand ($R_3$) in Reihe zu den Ausgangs-klemmen liegt, ist die Berechnung von $I_k$ relativ aufwendig. Hier ist es vom Rechen-aufwand her günstiger, die Leerlaufspannung $U_q$ und den Innenwiderstand $R_i$ zu berechnen und daraus den Kurzschlußstrom nach der Formel $I_k = U_q/R_i$ zu ermitteln.

Technische Anwendungen

## 1.9 Spannungsmessung

**Gegeben:** $U_m = 1$ V, $R_i = 5$ k$\Omega$.

1.9.1 **Gesucht:** $R_1 = ?$, $R_2 = ?$.
**Lösungsweg:**
a) Anwendung der Spannungsteilerregel (Formel 4.17) in Stellung 2 des Schalters S.
b) Anwendung der Spannungsteilerregel (Formel 4.17) in Stellung 3 des Schalters S.

zu a)

$$\frac{U_e}{R_1 + R_i} = \frac{U_m}{R_i}, \qquad U_m \cdot R_1 + U_m \cdot R_i = U_e \cdot R_i, \qquad R_1 = \frac{U_e \cdot R_i - U_m \cdot R_i}{U_m},$$

$$R_1 = \frac{10V \cdot 5k\Omega - 1V \cdot 5k\Omega}{1V}, \qquad \underline{\underline{R_1 = 45\,k\Omega}}.$$

zu b)

$$\frac{U_e}{R_1 + R_2 + R_i} = \frac{U_m}{R_i}, \qquad U_m \cdot R_1 + U_m \cdot R_2 + U_m \cdot R_i = U_e \cdot R_i,$$

$$R_2 = \frac{U_e \cdot R_i - U_m \cdot R_i - U_m \cdot R_1}{U_m} = \frac{100V \cdot 5k\Omega - 1V \cdot 5k\Omega - 1V \cdot 45k\Omega}{1V},$$

$$\underline{\underline{R_2 = 450\,k\Omega}}.$$

1.9.2 S in Stellung 1:

$$\underline{\underline{R = R_i = 5\,k\Omega}}.$$

S in Stellung 2:

$$R = R_i + R_1 = 5k\Omega + 45k\Omega, \qquad \underline{\underline{R = 50k\Omega}}.$$

S in Stellung 3:

$$R = R_i + R_1 + R_2 = 5k\Omega + 45k\Omega + 450k\Omega, \qquad \underline{\underline{R = 500\,k\Omega}}.$$

### 1.10 Strommessung (Meßbereichserweiterung)

**Gegeben:** Meßbereich A-C: $I_e = 10$ mA, Meßbereich A-B: $I_e = 100$ mA,
$I = 2$ mA, $R_i = 50\ \Omega$.

**Gesucht:** $R_1 = ?$, $R_2 = ?$.

**Lösungsweg:**
a) Anwenden der Stromteilerregel (Formel 4.18) im Meßbereich A-C,
b) Anwenden der Stromteilerregel (Formel 4.18) im Meßbereich A-B,
c) Lösen von 2 Gleichungen mit 2 Unbekannten.

zu a)
$$I_1 = I_e - I = 10\,mA - 2\,mA = \underline{8\,mA},$$

$$\frac{R_i}{R_1 + R_2} = \frac{I_1}{I} = \frac{8\,mA}{2\,mA} = 4,$$

$$R_i = 4R_1 + 4R_2. \quad (1)$$

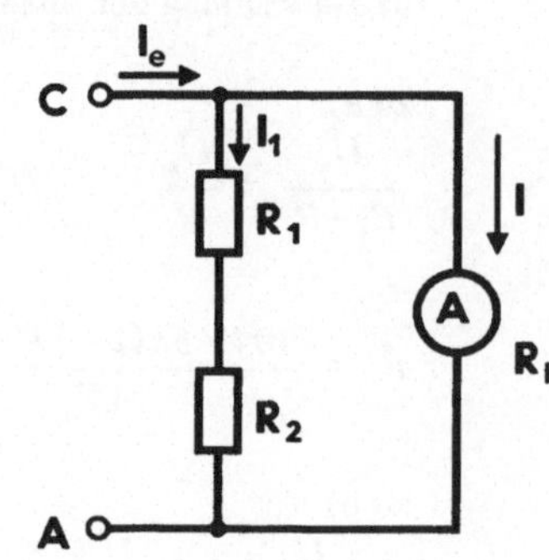


zu b)
$$I_1 = I_e - I = (100 - 2)\,mA =$$

$$\underline{I_1 = 98\,mA},$$

$$\frac{R_i + R_1}{R_2} = \frac{I_1}{I} = \frac{98\,mA}{2\,mA} = 49,$$

$$R_1 + R_i = 49\,R_2. \quad (2)$$

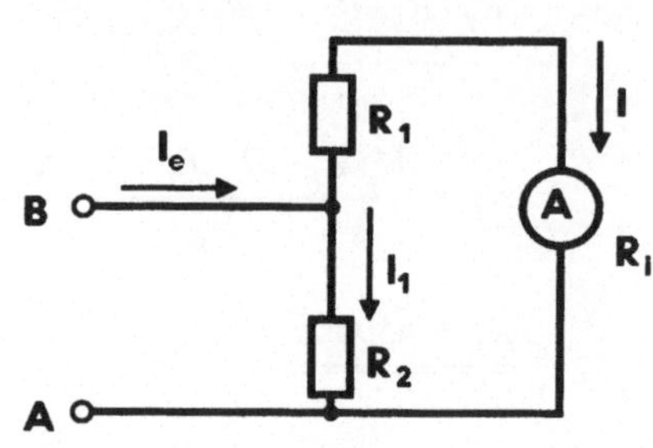


zu c)    aus (1):

$$R_1 = \frac{R_i}{4} - R_2,$$

eingesetzt in (2):

$$\frac{R_i}{4} - R_2 + R_i = 49 \cdot R_2, \qquad 50 \cdot R_2 = \frac{5}{4} R_i, \qquad \underline{\underline{R_2 = 1{,}25\ \Omega}}.$$

aus (1):

$$R_1 = \frac{R_i}{4} - R_2 = \frac{50}{4}\,\Omega - 1{,}25\,\Omega, \qquad \underline{\underline{R_1 = 11{,}25\ \Omega}}.$$

### 1.11 Spannungsversorgung einer Lampe

**Gegeben:** $U_B = 12$ V, $U_L = 6$ V, $P_L = 12$ W.

**1.11.1 Gesucht:** $R_1 = ?$, $R_2 = ?$ für $U_a = 7$V (Lampe AUS),
$U'_a = 6$V (Lampe EIN).

**Lösungsweg:**

a) Bestimmen von $R_L$ aus der Leistung $P_L$ (Formel 4.9).
b) Aufstellen von zwei Spannungsteilergleichungen (Formel 4.17) für Schalter S geöffnet bzw. geschlossen.
c) Lösung von zwei Gleichungen mit zwei Unbekannten.

zu a)

$$P_L = I^2 \cdot R_L = \frac{U^2}{R_L}, \qquad R_L = \frac{(6V)^2}{12VA}, \qquad \underline{\underline{R_L = 3\,\Omega}}.$$

zu b)
1. Gleichung (Spannungsteiler, Schalter S geöffnet).

$$\frac{U_B}{U_a} = \frac{R_1 + R_2}{R_2},$$

$$R_1 = \frac{U_B}{U_a} R_2 - R_2,$$

$$R_1 = \left(\frac{12V}{7V} - 1\right) R_2 = \frac{5}{7} R_2 \qquad (1)$$

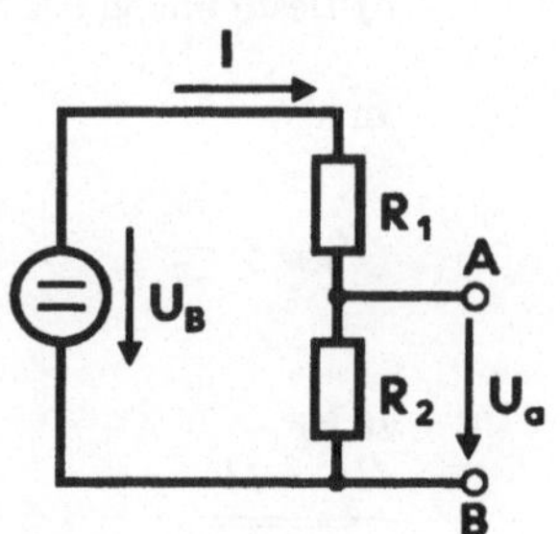


2. Gleichung (Spannungsteiler, Schalter S geschlossen).
Für $U_a' = U_B/2$ muß gelten:

$$R_1 = \frac{R_2 \cdot R_L}{R_2 + R_L}. \qquad (2)$$

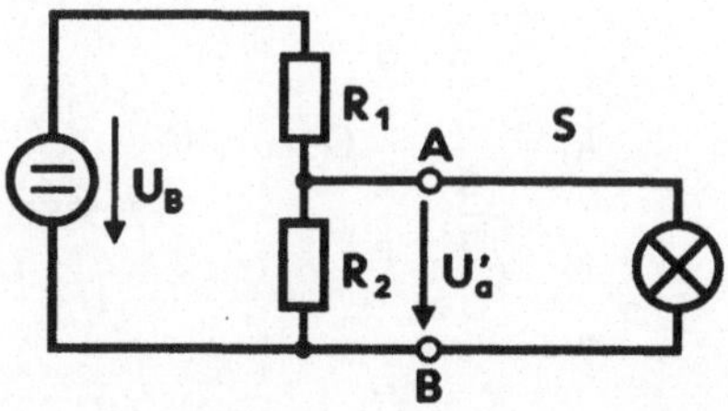

**zu c)**

(1) in (2) eingesetzt:

$$\frac{5}{7}R_2\left(R_2+R_L\right) = R_2R_L, \qquad \frac{5}{7}R_2^2 + \frac{5}{7}R_2R_L - R_2R_L = 0,$$

$$R_2^2 - \frac{2}{5}R_2R_L = 0, \qquad R_2\left(R_2 - \frac{2}{5}R_L\right) = 0, \qquad R_2 = \frac{2}{5}R_L,$$

$$\underline{\underline{R_2 = \frac{6}{5}\Omega}}, \qquad \underline{\underline{R_1 = \frac{6}{7}\Omega}}.$$

**1.11.2    Gesucht: $I_{max}$ = ?.**

**Lösungsweg I:**

a) Bestimmung des Kaltwiderstandes $R_{kalt}$,
b) Bestimmung des Spannungsquellen-Ersatzschaltbildes, wobei $U_q$ der Ausgangs-spannung $U_a$ bei ausgeschalteter Lampe entspricht.
c) Bestimmung des Stromes $I_{max}$.

**zu a):**

$$R_{kalt} = \frac{R_L}{7}, \qquad \underline{\underline{R_{kalt} = \frac{3}{7}\Omega}}.$$

**zu b):**
$$\underline{\underline{U_q = 7V}}.$$

$$R_i = R_1 \| R_2 = \frac{R_1 R_2}{R_1 + R_2},$$

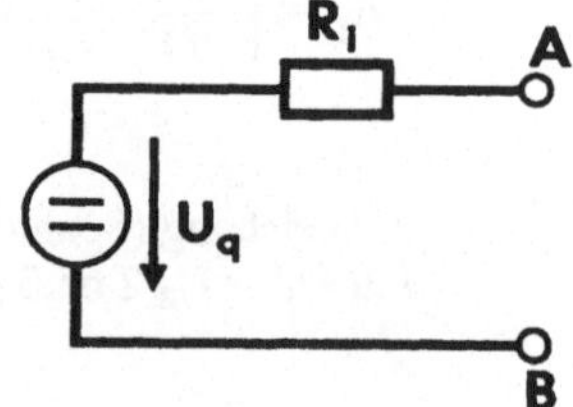

$$R_i = \frac{\frac{6}{7}\cdot\frac{6}{5}}{\frac{6}{7}+\frac{6}{5}}\Omega, \qquad \underline{\underline{R_i = \frac{1}{2}\Omega}}.$$

**zu c):**

$$I_{max} = \frac{U_q}{R_i + R_{kalt}} = \frac{7V}{\left(\frac{1}{2}+\frac{3}{7}\right)\Omega}, \qquad \underline{\underline{I_{max} = 7{,}538A}}.$$

**Lösungsweg II:**
a) Bestimmung von $R_{kalt}$,
b) Aufstellung der Spannungsteilergleichung,
c) Ermittlung von $I_{max}$.

zu a) siehe Lösungsweg I: $R_{min} = 3/7 \ \Omega$.

zu b)

$$\frac{U_a}{U_B} = \frac{R_{min} \| R_2}{(R_{min} \| R_2) + R_1}, \qquad R_{min} \| R_2 = \frac{\dfrac{3}{7} \cdot \dfrac{6}{5}}{\dfrac{3}{7} + \dfrac{6}{5}} \Omega = \frac{6}{19} \Omega.$$

zu c)

$$U_a = U_B \frac{\dfrac{6}{19} \Omega}{\left( \dfrac{6}{19} + \dfrac{6}{7} \right) \Omega} = 12\,V \cdot 0{,}2692 = 3{,}23 \ V,$$

$$I_{max} = \frac{U_a}{R_{min}} = \frac{3{,}23\,V}{\dfrac{3}{7}\Omega}, \qquad \underline{\underline{I_{max} = 7{,}538\,A}}.$$

**1.11.3** **Gesucht:** $R_L = ?$ für Anpassung.
**Lösungsweg:** Ermittlung von Leerlaufspannung $U_q$ und Innenwiderstand $R_i$ des aktiven Zweipols. Leistungsanpassung für $R_L = R_i$ (siehe Formel 4.12).

Siehe Lösungsweg I: $R_i = 1/2 \ \Omega$;

$$\underline{\underline{R_L = R_i = \frac{1}{2}\Omega}}.$$

### 1.12 Spannungsversorgung eines Meßgerätes

**Gegeben:** $U_{q1} = 7{,}5$ V, $U_{q2} = 5{,}6$ V, $R_{i1} = 5\ \Omega$, $R_{i2} = 20\ \Omega$, $R_L = 250\ \Omega$.

**1.12.1 Gesucht:** $I_L = ?$
**Lösungsweg:** Aufstellen der Maschengleichung (Formel 4.14).

$$U_{q1} - I_L \cdot R_{i1} - I_L \cdot R_{i2} - U_{q2} = 0,$$

$$I_L = \frac{U_{q1} - U_{q2}}{R_{i1} + R_{i2}} = \frac{7{,}5\,V - 5{,}6\,V}{(5 + 20)\,\Omega},$$

$$\underline{I_L = 0{,}076\,A}.$$

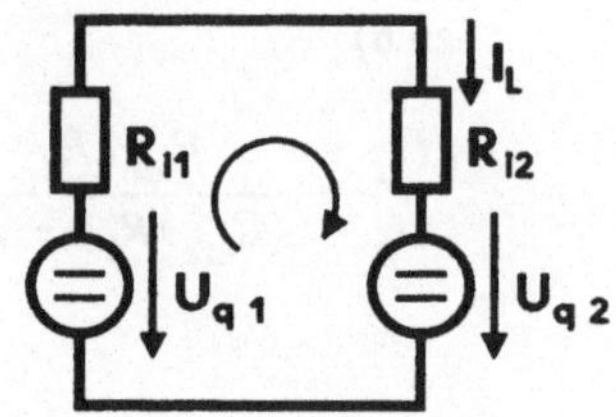


**1.12.2 Gesucht:** $I_a = ?$
**Lösungsweg:** Aufstellen der Maschengleichung (Formel 4.14).

$$-U_{q2} + I_a \cdot R_{i2} + I_a \cdot R_L = 0,$$

$$I_a = \frac{U_{q2}}{R_{i2} + R_L} = \frac{5{,}6\,V}{(20 + 250)\,\Omega},$$

$$\underline{I_a = 0{,}0207\,A}.$$

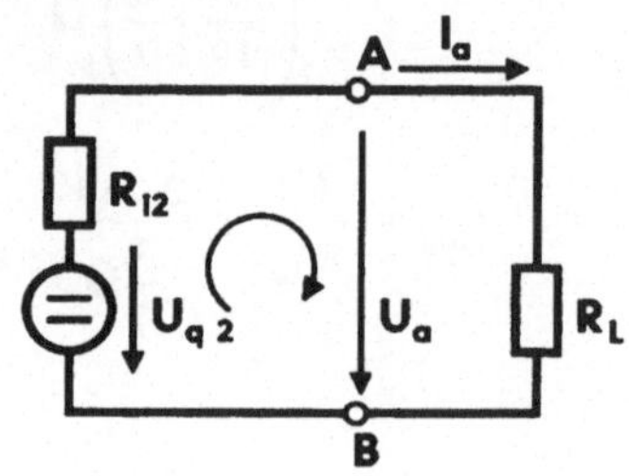


**1.12.3 Gesucht:** $U_a = ?$
**Lösungsweg:** Berechnen des Spannungsabfalls an $R_L$ (Formel 4.3).

$$U_a = I_a \cdot R_L = 0{,}0207\,A \cdot 250\,\Omega, \qquad \underline{\underline{U_a = 5{,}185\,V}}.$$

**1.12.4 Gesucht:** $U_{q0} = ?$
**Lösungsweg:** Im Leerlauf gilt: $U_{q0} = U_a$. Aufstellen der Maschengleichung (Formel 4.14) mit dem Ladestrom $I_L$ aus 1.12.1

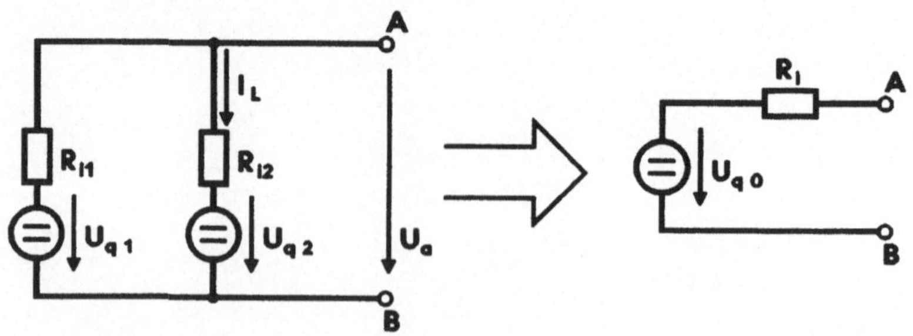

$$-U_{q2}-I_L\cdot R_{i2}+U_a = 0, \qquad U_a = U_{q2}+I_L\cdot R_{i2} = 5,6V+0,076A\cdot 20\Omega,$$

$$\underline{\underline{U_{q0} = U_a = 7,12V}}.$$

**1.12.5** **Gesucht:** $R_{i0} = ?$

**Lösungsweg:** Weil der Innenwiderstand einer idealen Spannungsquelle Null ist, ergibt sich für die Berechnung des Ersatz-Innenwiderstandes $R_{i0}$ folgendes Ersatzschaltbild:

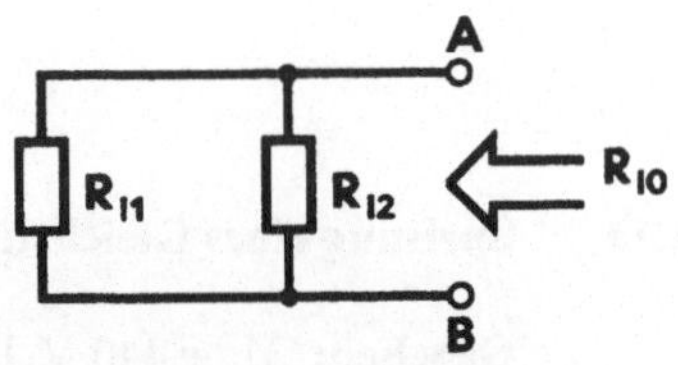


$$R_{i0} = R_{i1}\|R_{i2} = \frac{R_{i1}\cdot R_{i2}}{R_{i1}+R_{i2}},$$

$$R_{i0} = \frac{(5\cdot 20)}{(5+20)}\Omega, \qquad \underline{\underline{R_{i0} = 4\Omega}}.$$

**1.12.6** **Gesucht:** $I_a = ?$

**Lösungsweg:** Zusammenschaltung von aktivem und passivem Zweipol.

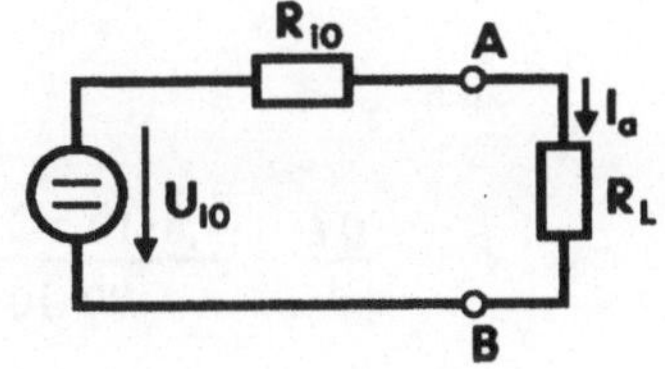


$$I_a = \frac{U_{q0}}{R_{i0}+R_L} = \frac{7,12V}{(250+4)\Omega},$$

$$\underline{\underline{I_a = 0,028A}}$$

**1.12.7** **Gesucht:** $U_a = ?$

**Lösungsweg:** Siehe Zeichnung unter 1.12.6, Spannungsabfall an $R_L$.

$$U_a = R_L\cdot I_a = 250\Omega\cdot 0,028A, \qquad \underline{\underline{U_a = 7V}}.$$

58

**1.12.8  Gesucht:** $I_L = ?$
**Lösungsweg:** Anwenden der Maschenregel (Formel 4.14).

$$-U_{q2} - I_L \cdot R_{i2} + U_a = 0 \, ,$$

$$I_L = \frac{U_a - U_{q2}}{R_{i2}} = \frac{7V - 5,6V}{20} \Omega \, ,$$

$$I_L = 0,070 A \, .$$

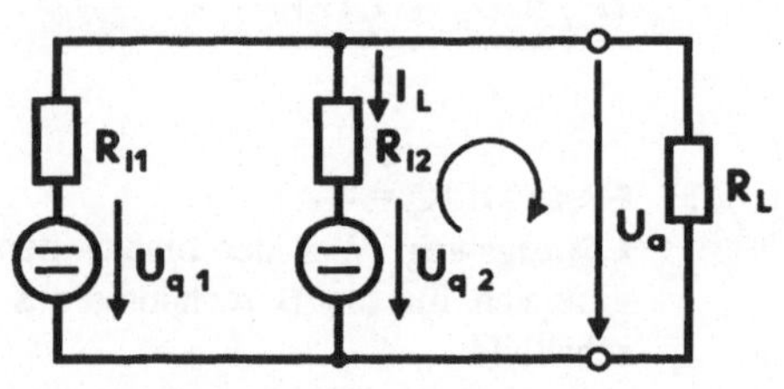

## 1.13  Speisung eines Gleichstromgenerators

**Gegeben:** $U_m = 440$ V, $l = 100$ m, $A = 70$ mm$^2$, $\vartheta = 70°$ C,
$\alpha = 3{,}9 \cdot 10^{-3}$ K$^{-1}$.

**1.13.1  Gesucht:** $R = ?$.
**Lösungsweg:**
a) Berechnen des Kaltwiderstandes $R_{20}$ mit Formel 2.1.
b) Berechnen des Betriebswiderstandes R mit Formel 2.2.

zu a)

$$R_0 = \frac{\varrho \, l}{A} = \frac{1{,}8 \cdot 10^{-8} \Omega m \cdot 200 \, m}{70 \cdot 10^{-6} \, m^2} \, , \qquad R_0 = 51{,}43 \, m\Omega \, ,$$

zu b)

$$R = R_0 (1 + \alpha \, \Delta\vartheta) = R_0 [1 + \alpha(\vartheta - 20° \, C)] \, ,$$

$$R = 51{,}43 \, m\Omega (1 + 3{,}9 \cdot 10^{-3} K^{-1} \cdot 50K) \, , \qquad R = 61{,}46 \, m\Omega \, .$$

**1.13.2  Gesucht:** $U_g = ?$.
**Lösungsweg:** Berechnen des Spannungsabfalls am Kabel.

$$U_g = U_m + U_{V1} + U_{V2} = U_m + I R = 440 \, V + 150 A \cdot 61{,}46 \cdot 10^{-3} \Omega \, ,$$

$$U_g = 449{,}3 \, V \, .$$

## 1.14 Parallelschaltung von Kabeln

**Gegeben:** $A_1 = 150\ \text{mm}^2$, $A_2 = 240\ \text{mm}^2$, $\varrho_{Cu} = 1{,}8\cdot10^{-8}\ \Omega\text{m}$,
$\varrho_{Al} = 2{,}8\cdot10^{-8}\ \Omega\text{m}$,

**1.14.1 Gesucht:** $\Delta I/I = ?$.

**Lösungsweg:** Da die beiden Kabel parallelgeschaltet sind, ist es am günstigsten, mit den Leitwerten von je einem Meter Kabel zu rechnen.

$$G_1 = \frac{A_1}{\varrho_{Cu}\cdot l} = \frac{150\cdot10^{-6}\,m^2}{1{,}8\cdot10^{-8}\,\Omega m\cdot1m}, \qquad \underline{G_1 = 8333\,S},$$

$$G_2 = \frac{A_2}{\varrho_{Al}\cdot l} = \frac{240\cdot10^{-6}\,m^2}{2{,}8\cdot10^{-8}\,\Omega m\cdot1m}, \qquad \underline{G_2 = 8571\,S},$$

$$\frac{\Delta I}{I_1} = \frac{\Delta G}{G_1} = \frac{G_{ges}-G_1}{G_1} = \frac{G_2}{G_1} = \frac{8571\,S}{8333\,S} = 1{,}029,$$

$$\underline{\underline{\frac{\Delta I}{I_1} = 102{,}9\,\%}}.$$

**1.14.2 Gesucht:** $I_2/I_1 = ?$.

**Lösungsweg:** Die Ströme verhalten sich zueinander wie die Leitwerte der Leiter.

$$\frac{I_1}{I_2} = \frac{G_1}{G_2} = \frac{8333\,S}{8571\,S} = 0{,}9722, \qquad \underline{\underline{I_1 = 0{,}9722\,I_2}}.$$

# Lösungen zu 2 (Elektrisches Feld)

Grundlagen

## 2.1  Coulombsche Kraft

**Gegeben:** $Q_1 = 2 \cdot 10^{-6}$ As, $Q_2 = 5 \cdot 10^{-5}$ As, r = 25 cm.
**Gesucht:** $F_{12}$ = ?.
**Lösungsweg:** Anwenden von Formel 6.1.

$$F_{12} = \frac{Q_1 Q_2}{4\pi\varepsilon_0 r^2} = \frac{2\cdot 10^{-6} As \cdot 5\cdot 10^{-5} As\, Vm}{4\pi\cdot 8,854\cdot 10^{-12} As\cdot 0,25^2\, m^2}, \quad \underline{\underline{F_{12} = 14,38\, N}}.$$

## 2.2  Elektrische Feldstärke und dielektrische Verschiebungsdichte

**Gegeben:** $Q = 2,5 \cdot 10^{-8}$ As.

**2.2.1**  **Gegeben:** r = 50 cm.
**Gesucht:** D = ?, E = ?.
**Lösungsweg:**
a) Berechnung von E durch Anwenden von Formel 6.2.
b) Berechnung von D durch Anwenden von Formel 6.3

zu a)

$$E = \frac{Q}{4\pi\varepsilon_0 r^2} = \frac{2,5\cdot 10^{-8} As\cdot Vm}{4\pi\cdot 8,854\cdot 10^{-12} As\cdot 0,5^2\, m^2}, \quad \underline{\underline{E = 899,2\, \frac{V}{m}}}.$$

zu b)

$$D = \varepsilon_0 \cdot E = 8,854\cdot 10^{-12}\frac{As}{Vm}\cdot 899,2\frac{V}{m}, \quad \underline{\underline{D = 7,961\cdot 10^{-9}\frac{As}{m^2}}}.$$

**2.2.2**  **Gesucht:**  E = f(r).

$$E(r) = \frac{2,5\cdot 10^{-8} As\cdot Vm}{4\pi\cdot 8,854\cdot 10^{-12} As}, \qquad E(r) = \frac{Q}{4\pi\varepsilon_0 r^2},$$

$$E(r) = 224,7\, Vm\cdot \frac{1}{r^2}.$$

| r/m | 0,3 | 0,4 | 0,5 | 0,6 | 0,7 | 0,8 | 1 |
|-----|-----|-----|-----|-----|-----|-----|---|
| E/(V/m) | 2498 | 1405 | 899 | 624 | 458 | 351 | 225 |

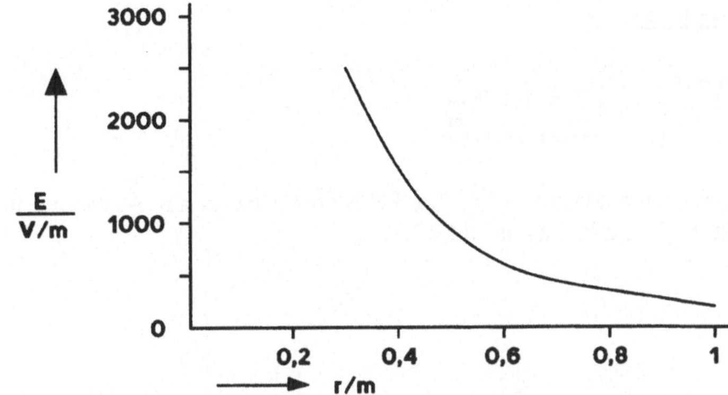

**2.2.3**  **Gegeben:** $e = -1{,}6\cdot 10^{-19}$ As.
**Gesucht:** $F = ?$.
**Lösungsweg:** Anwenden von Formel 6.4

$$F = E\cdot e = 899{,}2\,\frac{V}{m}\cdot(-1{,}6\cdot 10^{-19}\,As)\,, \qquad \underline{\underline{F = -1{,}439\cdot 10^{-16}\,N}}\,.$$

Anziehung, da unterschiedliche Ladungen.

**2.2.4**  **Gegeben:** $r_1 = 50$ cm, $r_2 = 75$ cm.
**Gesucht:** $U = ?$.
**Lösungsweg:** Anwenden von Formel 6.8.

$$U = \int\limits_{r_1}^{r_2} E(r)\,dr = \frac{Q}{4\pi\varepsilon_0}\int\limits_{r_1}^{r_2}\frac{1}{r^2}\,dr = \frac{Q}{4\pi\varepsilon_0}\left(\frac{1}{r_1}-\frac{1}{r_2}\right),$$

$$U = \frac{2{,}5\cdot 10^{-8}\,As\,Vm}{4\pi\cdot 8{,}854\cdot 10^{-12}\,As}\left(\frac{1}{0{,}5\,m}-\frac{1}{0{,}75\,m}\right),\qquad \underline{\underline{U = 149{,}8\,V}}\,.$$

**2.2.5**  **Gegeben:** $\varepsilon_r = 2{,}2$.
**Gesucht:** $D' = ?$, $E' = ?$, $E'(r) = ?$, $F' = ?$, $U' = ?$.
**Lösungsweg:** Statt $\varepsilon_0$ wird $\varepsilon = \varepsilon_0\varepsilon_r$ eingesetzt.

Dielektrische Verschiebungsdichte $D'$:
$D$ ist unabhängig vom Medium.

$$\underline{\underline{D' = D = 7{,}961\cdot 10^{-9}\,\frac{As}{m^2}}}\,.$$

Elektrische Feldstärke E':

$$E' = \frac{E}{\varepsilon_r} = \frac{899,2\,V}{2,2}\,, \qquad \underline{\underline{E' = 408,7\,\frac{V}{m}}}\,.$$

Verlauf der elektrischen Feldstärke E'(r): Die Feldstärke E ist für alle Abstände r um den gleichen Faktor $\varepsilon_r = 2,2$ kleiner als in Luft.

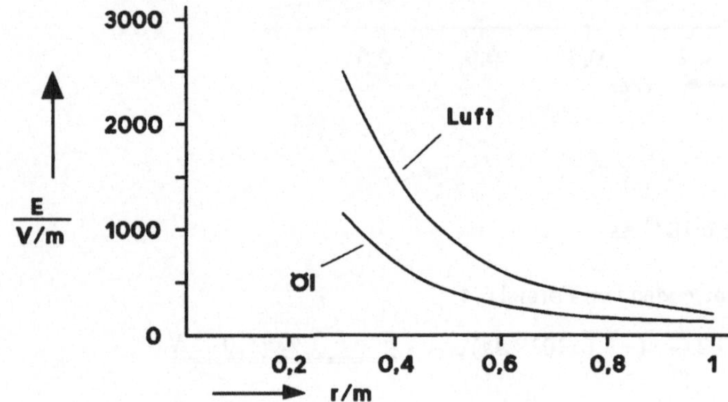


Kraft F' auf ein Elektron:

$$F' = \frac{F}{\varepsilon_r} = \frac{-1,438 \cdot 10^{-16}\,N}{2,2}\,, \qquad \underline{\underline{F' = -6,541 \cdot 10^{-17}\,N}}\,.$$

Spannung U' zwischen $r_1$ und $r_2$:

$$U' = \frac{U}{\varepsilon_r} = \frac{149,8\,V}{2,2}\,, \qquad \underline{\underline{U' = 68,09\,V}}\,.$$

## 2.3 Potentialberechnungen

**2.3.1 Gegeben:** $Q = 10^{-6}$ As, $r_1 = 25$ cm, $r_2 = 75$ cm, $\epsilon_r = 1$ (Luft).
**Gesucht:** $\varphi_1 = ?$, $\varphi_2 = ?$.
**Lösungsweg:** Anwenden von Formel 6.6.

$$\varphi_1 = \frac{Q}{4\pi\varepsilon_0 r_1} = \frac{10^{-6}\,As \cdot Vm}{4\pi \cdot 8,854 \cdot 10^{-12} As \cdot 0,25\,m}\,, \qquad \underline{\underline{\varphi_1 = 35,95\,kV}}\,,$$

$$\varphi_2 = \frac{Q}{4\pi\varepsilon_0 r_2} = \frac{10^{-6}\,As \cdot Vm}{4\pi \cdot 8,854 \cdot 10^{-12} As \cdot 0,75\,m}\,, \qquad \underline{\underline{\varphi_{21} = 11,98\,kV}}\,,$$

**2.3.2**  **Gesucht:** U = ?.
**Lösungsweg:** Anwenden von Formel 6.7.

$$U = \varphi_1 - \varphi_2 = (35{,}95 - 11{,}98)\,kV, \qquad \underline{\underline{U = 23{,}97\,kV}}.$$

**2.3.3**  **Gegeben:** $\varepsilon_r = 2{,}4$.
**Gesucht:**  U' = ?.
**Lösungsweg:**  Da bei der Berechnung der Potentiale die relative Dielektrizitätskonstante $\varepsilon_r$ im Nenner steht, wird die Spannung zwischen den beiden Punkten um diesen Faktor kleiner.

$$U' = \frac{U}{\varepsilon_r} = \frac{23{,}97\,kV}{2{,}4}, \qquad \underline{\underline{U' = 9{,}987\,kV}}.$$

## 2.4  Kapazitätsberechnungen

**2.4.1**  **Gegeben:** A = 200 cm$^2$, d = 5 mm.
**Gesucht:** C = ?.
**Lösungsweg:** Anwenden von Formel 2.3.

$$C = \varepsilon_0 \frac{A}{d} = 8{,}854 \cdot 10^{-12}\frac{As}{Vm} \cdot \frac{0{,}02\,m^2}{5 \cdot 10^{-3}\,m}, \qquad \underline{\underline{C = 35{,}42\,pF}}.$$

**2.4.2**  **Gegeben:** A = 200 cm$_2$, $\varepsilon_r = 2{,}5$.
**Gesucht:** C = ?.
**Lösungsweg:** Anwenden von Formel 2.3.

$$C = \varepsilon_0\,\varepsilon_r\,\frac{A}{d} = 8{,}854 \cdot 10^{-12}\frac{As}{Vm} \cdot 2{,}5 \cdot \frac{0{,}02\,m^2}{10^{-3}\,m}, \qquad \underline{\underline{C = 442{,}7\,pF}}.$$

**2.4.3**  **Gegeben:** A = 200 cm$^2$, $\varepsilon_r = 2{,}5$, $d_1 = 1\,mm$, $d_2 = 1$ mm.
**Gesucht:** C = ?.
**Lösungsweg:**
a) Ersatzschaltbild aufstellen,
b) Einzelkapazitäten errechnen,
c) Gesamtkapazität C durch Anwenden von Formel 6.12 ermitteln.

zu a)
$C_1$: $A_1 = 200$ cm$^2$, $d_1 = 1$ mm,
$\varepsilon_1 = \varepsilon_0$.
$C_2$: $A_2 = 200$ cm$^2$, $d_2 = 1$ mm,
$\varepsilon_2 = \varepsilon_0\varepsilon_r$.

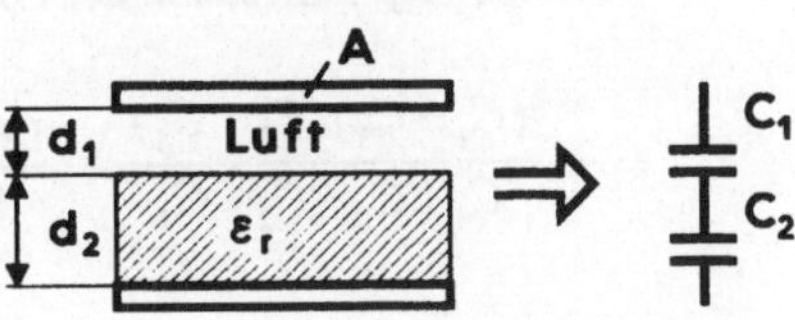

64

zu b)

$$C_1 = \varepsilon_1 \frac{A}{d_1} = 8{,}854 \cdot 10^{-12} \frac{As}{Vm} \cdot \frac{0{,}02\,m^2}{10^{-3}m}\,, \qquad \underline{C_1 = 177\,pF}\,,$$

$$C_2 = \varepsilon_2 \frac{A_2}{d_2} = \varepsilon_0\,\varepsilon_r\,\frac{A_2}{d_2} = 2{,}5\,C_1\,, \qquad \underline{C_2 = 442{,}5\,pF}\,,$$

zu c)

$$C = \frac{C_1\,C_2}{C_1 + C_2} = \frac{177 \cdot 442{,}5}{177 + 442{,}5}\,pF\,, \qquad \underline{C = 126{,}4\,pF}\,.$$

## 2.5 Zusammenschalten von Kondensatoren

**Gegeben:** $C_1 = 4{,}7\ \mu F$, $C_2 = 10\ \mu F$, $C_3 = 2{,}2\ \mu F$, $C_4 = 1\ \mu F$.

**2.5.1** **Gesucht:** $C =?$.
**Lösungsweg:** Anwenden der Formeln 6.11 und 6.12.

$$C = \frac{C_1 \cdot (C_2 + C_3)}{C_1 + C_2 + C_3} = \frac{4{,}7(10 + 2{,}2)}{4{,}7 + 10 + 2{,}2}\,\mu F\,, \qquad \underline{C = 3{,}393\,\mu F}\,.$$

**2.5.2** **Gesucht:** $C = ?$.
**Lösungsweg:** Anwenden der Formeln 6.11 und 6.12.

$$C = C_3 + \frac{C_1 \cdot C_2}{C_1 + C_2} = 2{,}2\,\mu F + \frac{4{,}7 \cdot 10}{4{,}7 + 10}\,\mu F\,, \qquad \underline{C = 5{,}397\,\mu F}\,.$$

**2.5.3** **Gesucht:** $C = ?$.
**Lösungsweg:** Anwenden der Formeln 6.11 und 6.12.

$$C = \frac{C_1 \cdot C_2}{C_1 + C_2} + \frac{C_3 \cdot C_4}{C_3 + C_4} = \frac{4{,}7 \cdot 10}{4{,}7 + 10}\,\mu F + \frac{2{,}2 \cdot 1}{2{,}2 + 1}\,\mu F\,, \qquad \underline{C = 3{,}885\,\mu F}\,.$$

**2.5.4** **Gesucht:** $C = ?$.
**Lösungsweg:** Anwenden der Formeln 6.11 und 6.12.

$$C = \frac{(C_1 + C_3)(C_2 + C_4)}{C_1 + C_3 + C_2 + C_4} = \frac{(4{,}7 + 2{,}2)(10 + 1)}{4{,}7 + 2{,}2 + 10 + 1}\,\mu F\,, \qquad \underline{C = 4{,}24\,\mu F}\,.$$

## 2.6 Auf- und Entladevorgang

**Gegeben:** $C = 10\ \mu F$, $U_0 = 24\ V$, $R_i = 5\ \Omega$, $R_1 = 1\ k\Omega$, $R_2 = 500\ \Omega$.

**2.6.1** **Gesucht:** $W_e = ?$.
**Lösungsweg:** Anwenden von Formel 6.13.

$$W_e = \frac{1}{2}CU^2 = \frac{1}{2}\cdot 10\cdot 10^{-6}\frac{As}{V}\cdot 24^2 V^2, \qquad \underline{\underline{W_e = 2{,}88\ mWs}}.$$

**2.6.2** **Gesucht:** $\tau_1 = ?$, $\tau_2 = ?$.
**Lösungsweg:** Anwenden der Formel 3.5.

$$\tau_1 = (R_i + R_1)C = (2000 + 5)\frac{V}{A}\cdot 10^{-5}\frac{As}{V}, \qquad \underline{\underline{\tau_1 = 20{,}05\ ms}}.$$

$$\tau_2 = R_2 C = 500\,\frac{V}{A}\cdot 10^{-5}\frac{As}{V}, \qquad \underline{\underline{\tau_2 = 5{,}000\ ms}}.$$

**2.6.3** **Gesucht:** $u = f(t)$, $i = f(t)$.

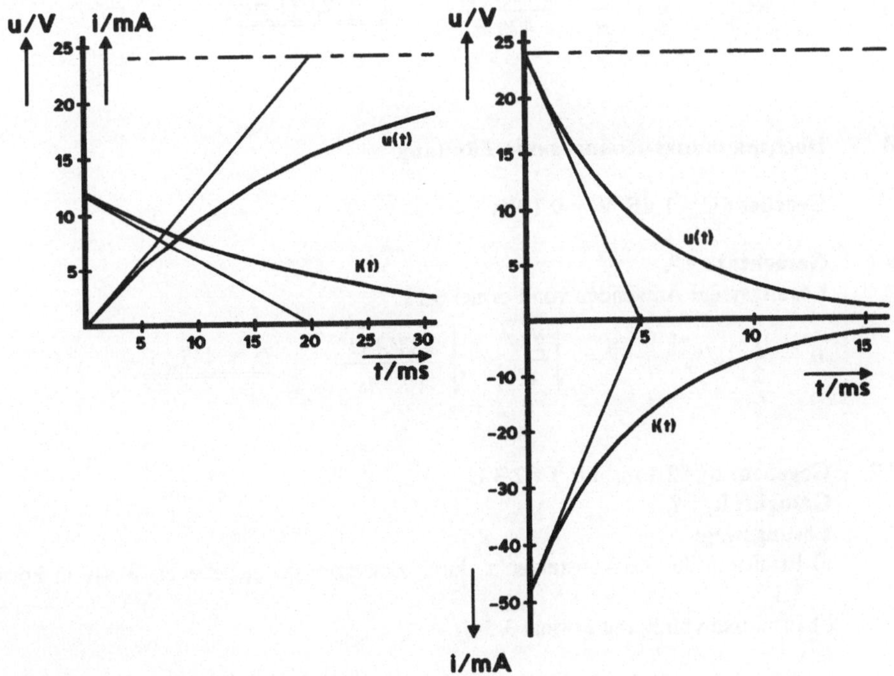

## 2.7 Glättung der Versorgungsspannung eines Netzteils

**Gegeben:** $\hat{U}_{max} = 24$ V, $R_L = 47\,\Omega$, $U_{min} = 23,5$ V.
**Gesucht:** C = ?.
**Lösungsweg:**
a) Berechnung von $\tau$ aus Formel 3.3.
b) Ermitteln von R mit Formel 3.5.

zu a)
für $T_e \gg T_a$ gilt: $T_e \approx T$.

$$U_{min} = U_{max}\, e^{-\frac{t}{\tau}}, \qquad \frac{U_{min}}{U_{max}} = e^{-\frac{t}{\tau}}, \qquad -\frac{20\,ms}{\tau} = \ln\left(\frac{23,5\,V}{24\,V}\right),$$

$$\tau = \frac{-20\,ms}{-0,02105}, \qquad \tau = 950,1\,ms.$$

zu b)

$$\tau = RC, \qquad C = \frac{\tau}{R} = \frac{950,1\,ms}{470\,\Omega}, \qquad \underline{\underline{C = 2,021\,mF}}.$$

## 2.8 Hochspannungs-Kondensator-Zündung

**Gegeben:** C = 1 µF, W = 0,1 Ws.

### 2.8.1 **Gesucht:** U = ?.
**Lösungsweg:** Anwenden von Formel 6.13.

$$W = \frac{1}{2}CU^2, \qquad U = \sqrt{\frac{2W}{C}} = \sqrt{\frac{0,2\,VAsV}{10^{-6}As}}, \qquad \underline{\underline{U = 447,2\,V}}.$$

### 2.8.2 **Gegeben:** $t_L = 2,1$ ms, $u(t_L) = 2/3$ U.
**Gesucht:** $R_i = ?$.
**Lösungsweg:**
a) Ermitteln der Zeitkonstanten $\tau$ durch Einsetzen der gegebenen Werte in Formel 3.1
b) Ermitteln von $R_i$ mit Formel 3.5.

zu a)

$$u(t) = U_{max}\left(1 - e^{-\frac{t}{\tau}}\right),$$

zum Zeitpunkt t = $t_L$ gilt:

$$\frac{2}{3} U_{max} = U_{max}\left(1 - e^{-\frac{t_L}{\tau}}\right), \qquad -\frac{t_L}{\tau} = \ln\left(\frac{1}{3}\right),$$

$$\tau = \frac{-t_L}{\ln\left(\dfrac{1}{3}\right)} = \frac{2,1\,ms}{1,098}, \qquad \tau = 1,911\,ms.$$

zu b)

$$R_i = \frac{\tau}{C} = \frac{1,911 \cdot 10^{-3}\,s \cdot V}{10^{-6}\,As}, \qquad R_i = 1911\,\Omega.$$

## 2.9 Spannungsversorgung eines Taschenrechners

**Gegeben:** $U_B = 3$ V, $U_{min} = 0,8$ V, $R_L = 2,2$ MΩ, $t_W = 30$ s.
**Gesucht:** C = ?.
**Lösungsweg:**
a) Berechnen der Zeitkonstanten $\tau$ durch Einsetzen der gegebenen Werte in die Zeitfunktion u(t) nach Formel 3.3.
b) Berechnen von C mit Hilfe der Formel 3.5.

zu a)

$$u(t) = U_B\, e^{-\frac{t}{\tau}},$$

zum Zeitpunkt t = $t_W$ gilt: u(t) = $U_{min}$.

$$U_{min} = U_B\, e^{-\frac{t_W}{\tau}}, \qquad \frac{0,8\,V}{3\,V} = e^{-\frac{30\,s}{\tau}}, \qquad -30\frac{s}{\tau} = \ln 0,267,$$

$$\tau = \frac{30s}{1,322}, \qquad \tau = 22,7s.$$

zu b)

$$C = \frac{\tau}{R_L} = \frac{22,7\,s}{2,2\,M\Omega}, \qquad C = 10,32\,\mu F.$$

### 2.10 Kapazitive Füllstandsmessung

**Gegeben:** $A = 480 \ cm^2$, $\varepsilon_r = 2,1$, $d = 1,5 \ mm$.

**2.10.1 Gesucht:** $C_0 = ?$.
**Lösungsweg:** Anwendung von Formel 2.3.

$$C_0 = \varepsilon_0 \frac{A}{d} = 8,854 \cdot 10^{-12} \frac{As}{Vm} \cdot \frac{0,048 \, m^2}{1,5 \cdot 10^{-3} m}, \qquad \underline{\underline{C_0 = 283,3 \, pF}}.$$

**2.10.2 Gesucht:** $C_{max} = ?$.
**Lösungsweg:** Anwendung von Formel 2.3.

$$C_{max} = \varepsilon_0 \, \varepsilon_r \frac{A}{d} = 2,1 \cdot C_0, \qquad \underline{\underline{C_{max} = 594,9 \, pF}}.$$

**2.10.3 Gesucht:** $C = f(h)$.
**Lösungsweg:** Man kann sich den flüssigkeitsgefüllten und den luftgefüllten Teil des Kondensators als je einen Einzelkondensator denken ($C_1$ und $C_2$). Beide Einzelkondensatoren sind parallelgeschaltet.

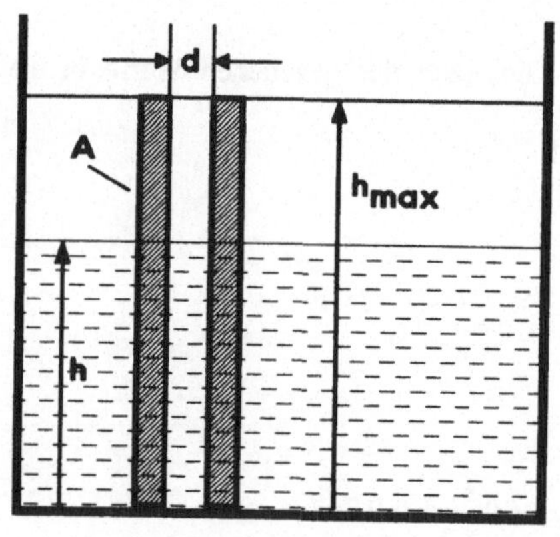
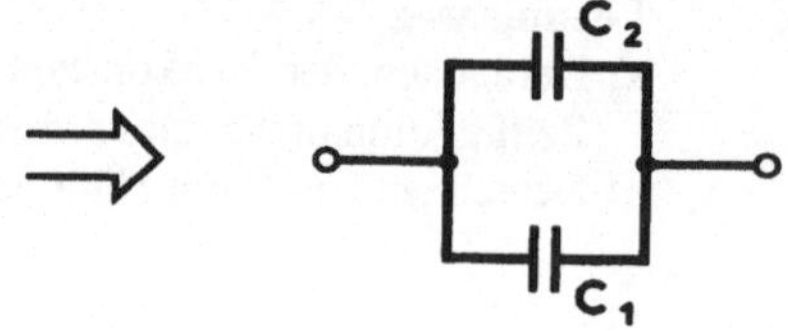


$$C_1(h) = \frac{h}{h_{max}} C_{max} = \frac{h}{h_{max}} \varepsilon_r C_0, \qquad C_2(h) = \frac{h_{max} - h}{h_{max}} C_0,$$

$$C(h) = C_1(h) + C_2(h) = C_0 \left( \frac{h}{h_{max}} \varepsilon_r + 1 - \frac{h}{h_{max}} \right)$$

$$C(h) = C_0 \left[ 1 + \frac{h}{h_{max}} (\varepsilon_r - 1) \right], \qquad \underline{\underline{C(h) = C_0 \left( 1 + 1,1 \frac{h}{h_{max}} \right)}}.$$

# Lösungen zu 3 (Magnetisches Feld)

## Grundlagen

### 3.1 Magnetfeld eines stromdurchflossenen Leiters

**Gegeben:** I = 6 A.

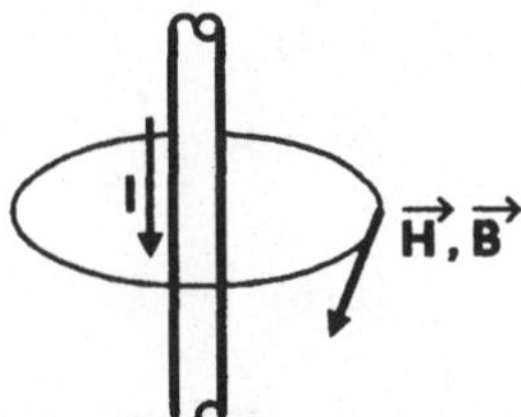


**3.1.1** **Gegeben:** r = 12 cm.
**Gesucht:** H = ?.
**Lösungsweg:** Anwenden von Formel 7.6.

$$H = \frac{I}{2\pi r} = \frac{6\,A}{2\pi \cdot 0{,}12\,m}, \qquad \underline{\underline{H = 7{,}958 \frac{A}{m}}}.$$

**3.1.2** **Gegeben:** r = 12 cm, $\mu_r$ = 1 (Luft).
**Gesucht:** B = ?.
**Lösungsweg:** Anwenden von Formel 7.7.

$$B = \mu_0 H = 4\pi \cdot 10^{-7} \frac{Vs}{Am} \cdot 7{,}958 \frac{A}{m}, \qquad \underline{\underline{B = 10^{-5}\,T}}.$$

### 3.2 Kraft auf stromdurchflossenen Leiter

**Gegeben:** a = 150 mm, I = 150 A.

**3.2.1** **Gesucht:** H = ? (auf der Mittellinie).
**Lösungsweg:**
Berechnung der magnetischen Feldstärken $H_1$ und $H_2$ der beiden Leiter auf der Mittellinie; Überlagerung der beiden Feldstärken.

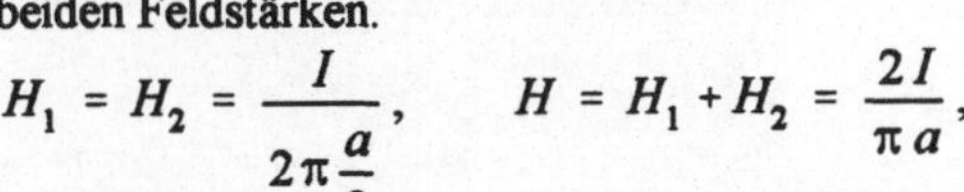


$$H_1 = H_2 = \frac{I}{2\pi \frac{a}{2}}, \qquad H = H_1 + H_2 = \frac{2I}{\pi a},$$

$$H = \frac{2 \cdot 150\,A}{\pi \cdot 0{,}15\,m}, \qquad \underline{\underline{H = 636{,}6 \frac{A}{m}}}.$$

**3.2.2**  **Gesucht:**   Kraft pro Meter auf die beiden Leiter.
**Lösungsweg:**
a) Berechnen der magnetischen Induktion B, die ein Leiter am Ort des anderen erzeugt (Formeln 7.6 und 7.7).
b) Anwenden von Formel 7.2.
c) Bestimmen der Richtung der Kräfte nach "Rechtsschraubenregel" und "Rechte-Hand-Regel".

zu a)

$$B = \mu_0 \frac{I}{2\pi a} = 4\pi \cdot 10^{-7} \frac{Vs}{Am} \cdot \frac{150A}{2\pi \cdot 0,15m} , \qquad \underline{B = 2 \cdot 10^{-4}\, T} .$$

zu b)

$$\vec{F} = I(\vec{l} \times \vec{B}) ,$$

Da ein Leiter senkrecht zum Magnetfeld des anderen verläuft, muß gelten:

$$\frac{F}{l} = I B = 150A \cdot 2 \cdot 10^{-4} \frac{Vs}{m^2} , \qquad \underline{\underline{\frac{F}{l} = 0,03 \frac{N}{m}}} .$$

zu c)
Die beiden Leiter stoßen sich ab.

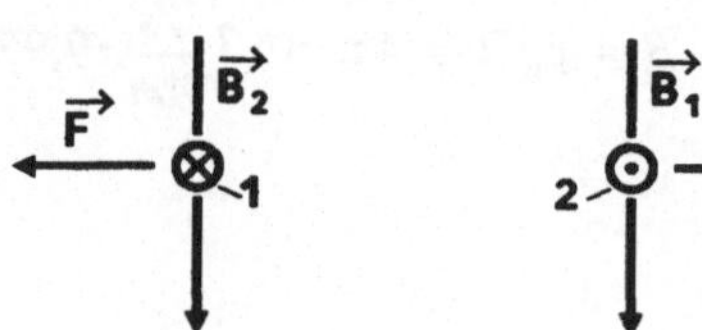


**3.2.3**  **Gegeben:**  F/l = 1500 N/m,
**Gesucht:**  $I_K = ?$.
**Lösungsweg:** Anwenden der Formeln 7.2 und 7.6.

$$\frac{F}{l} = I\mu_0 \frac{I}{2\pi a} , \qquad I = \sqrt{\frac{\frac{F}{l} 2\pi a}{\mu_0}} = \sqrt{\frac{1500\frac{N}{m} \cdot 2\pi \cdot 0,15 m\, Am}{4\pi \cdot 10^{-7}\, Vs}} ,$$

$$\underline{I_K = 33540\, A} .$$

## 3.3    Drehmoment im magnetischen Feld

**Gegeben:**  a = 10 cm, b = 4 cm, N = 5, I = 0,5 A, B = 0,3 T.

**3.3.1**    **Gesucht:**  Lage der Magnetspule für maximales Drehmoment.
        **Lösungsweg:** Die Spule muß so stehen, daß die Kraft senkrecht zu ihrer Querachse angreift.

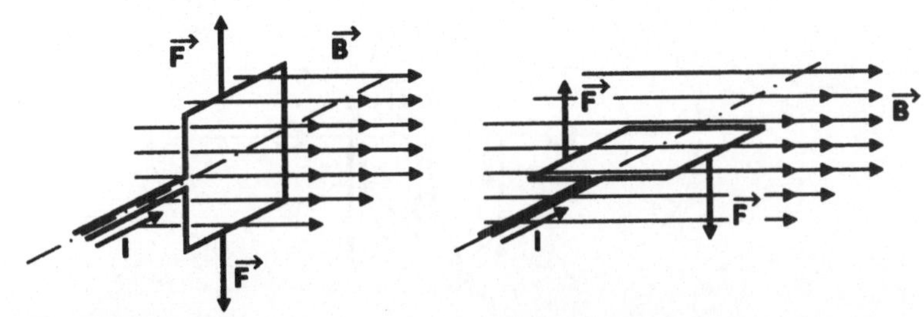

<table>
<tr><td>kein Drehmoment</td><td>maximales Drehmoment</td></tr>
</table>

**3.3.2**    **Gesucht:**  M = ?.
        **Lösungsweg:** Gemäß der Abbildung unter 3.3.1 tragen nur die Drahtabschnitte der Länge a zum Drehmoment bei. Die Abschnitte mit der Länge b/2 bilden die Hebelarme. Berechnung nach Formel 7.2 oder Formel 7.3.

$$F = NIlB, \qquad M = 2NIa\frac{b}{2}B = NIAB,$$

$$M = 5 \cdot 0,5\,A \cdot 0,3\,\frac{Vs}{m^2} \cdot 40 \cdot 10^{-4} m^2,$$

$$\underline{M = 3 \cdot 10^{-3}\,Nm}.$$

## 3.4    Magnetische Feldstärke

**Gegeben:**  a = 5 cm, d = 10 mm, I = 100 A.
**Gesucht:**  $H_{max}$, $H_{min}$ auf der Verbindungslinie.
**Lösungsweg:**
a) Grafische Überlagerung der magnetischen Feldstärken der beiden Leiter zur Feststellung des Ortes von Maximum und Minimum.
b) Berechnung der maximalen und der minimalen Feldstärke mit Hilfe von Formel 7.6.

**zu a)**

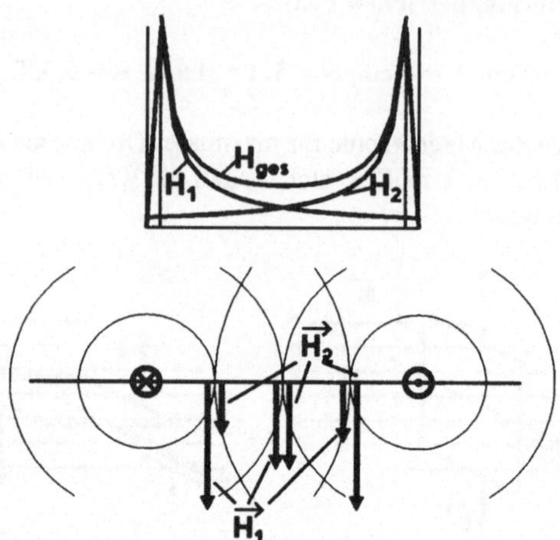

Die Maxima von H liegen auf der Oberfläche der beiden Leiter, das Minimum liegt genau zwischen den beiden Leitern.

**zu b)**

$$H_{max} = H_1 + H_2 = \frac{I}{2\pi r} + \frac{I}{2\pi(a-r)} = \frac{I}{2\pi}\left(\frac{1}{r} + \frac{1}{a-r}\right),$$

$$H_{max} = \frac{100A}{2\pi}\left(\frac{1}{5\cdot 10^{-3}\,m} + \frac{1}{45\cdot 10^{-3}\,m}\right), \qquad \underline{\underline{H_{max} = 3537\frac{A}{m}}}.$$

$$H_{min} = H_1(a/2) + H_2(a/2) = 2\cdot\frac{I}{2\pi(a/2)} = \frac{2I}{\pi a},$$

$$\underline{\underline{H_{min} = 1273\frac{A}{m}}}.$$

**3.4.2**  **Gegeben:** $r_1 = 4$ cm, $r_2 = 3$ cm.
**Gesucht:** $H = ?$.
**Lösungsweg I:**  Vektorielle Überlagerung der von den beiden Leitern verursachten magnetischen Feldstärken $H_1$ und $H_2$ im Punkt P.

$$H_1 = \frac{I}{2\pi r_1} = \frac{100A}{2\pi\cdot 0{,}04\,m}, \qquad \underline{\underline{H_1 = 397{,}9\frac{A}{m}}},$$

$$H_2 = \frac{I}{2\pi r_2} = \frac{100A}{2\pi\cdot 0{,}03\,m}, \qquad \underline{\underline{H_2 = 530{,}5\frac{A}{m}}},$$

Aus der Zeichnung entnimmt man: $H \approx 660$ A/m.

**Lösungsweg II:**

Da bei den gegebenen geometrischen Daten ($a^2 = r_1^2 + r_2^2$) $H_1$ und $H_2$ im Punkt P senkrecht aufeinander stehen, gilt:

$$H = \sqrt{H_1^2 + H_2^2} \, ,$$

$$H = \sqrt{\left(\frac{I}{2\pi r_1}\right)^2 + \left(\frac{I}{2\pi r_2}\right)^2} \, , \qquad H = \frac{I}{2\pi} \sqrt{\frac{1}{r_1^2} + \frac{1}{r_2^2}} \, ,$$

$$H = \frac{100A}{2\pi} \sqrt{\frac{1}{0,04\,m^2} + \frac{1}{0,03\,m^2}} \, ,$$

$$H = 663,1 \frac{A}{m} \, .$$

## 3.5 Magnetische Feldstärke, magnetischer Fluß und Induktion

**Gegeben:** $a = 2$ cm, $b = 10$ cm, $c = 10$ cm, $I = 200$ A.

**3.5.1** **Gesucht:** $\overline{H} = ?$, $\overline{B} = ?$.

**Lösungsweg:** Berechnen der magnetischen Feldstärke H und der Induktion B im Abstand c vom Leiter mit Hilfe der Formeln 7.6 und 7.7.

$$\overline{H} = \frac{I}{2\pi c} = \frac{200A}{2\pi \cdot 0,1\,m} \, , \qquad \overline{H} = 318,3 \frac{A}{m} \, .$$

$$\overline{B} = \mu_0 \overline{H} = 4\pi \cdot 10^{-7} \frac{Vs}{Am} \cdot 318,3 \frac{A}{m} \, , \qquad \overline{B} = 4 \cdot 10^{-4} \, T \, .$$

**3.5.2** **Gesucht:** $\Phi = ?$.

**Lösungsweg:** Wenn die magnetische Induktion homogen über die gesamte Spulenfläche ist, ergibt sich der magnetische Fluß aus dem Produkt aus Induktion und Spulenfläche (Formel 7.11).

$$\Phi \approx B\,A = 4 \cdot 10^{-4} \, T \cdot 0,02 \cdot 0,1 \, m^2 \, , \qquad \Phi \approx 8 \cdot 10^{-7} \, Vs \, .$$

74

**3.5.3** **Gesucht:** $\Phi = ?$.

**Lösungsweg:** Integration der magnetischen Induktion B(r) über die gesamte Fläche (Formeln 7.11, 7.7 und 7.6).

$$\Phi = b \int_{c-\frac{a}{2}}^{c+\frac{a}{2}} B(r)\,dr = \frac{b\,\mu_0 I}{2\pi} \int_{c-\frac{a}{2}}^{c+\frac{a}{2}} \frac{1}{r}\,dr$$

$$\Phi = \frac{0,1\,m \cdot 200\,A \cdot 4\pi \cdot 10^{-7}\,Vs}{2\pi A m} \int_{0,09\,m}^{0,11\,m} \frac{1}{r}\,dr \quad ,$$

$$\Phi = 4 \cdot 10^{-6}\,Vs\,[\ln(0,11\,m) - \ln(0,09\,m)] \quad ,$$

$$\Phi = 4 \cdot 10^{-7}\,Vs \cdot \ln\left(\frac{0,11\,m}{0,09\,m}\right) \qquad \underline{\Phi = 8,027 \cdot 10^{-7}\,Vs} \; .$$

## 3.6     Drosselspule

**Gegeben:** $N = 500$, $l_L = 0,2$ mm, $A_1 = 4$ cm$^2$, $A_2 = A_3 = 2$ cm$^2$.

**3.6.1** **Gesucht:** Verlauf des magnetischen Flusses.

**Lösungsweg:** Der magnetische Fluß $\Phi$ wird im Mittelschenkel erzeugt und verteilt sich entsprechend den magnetischen Widerständen auf die Außenschenkel.

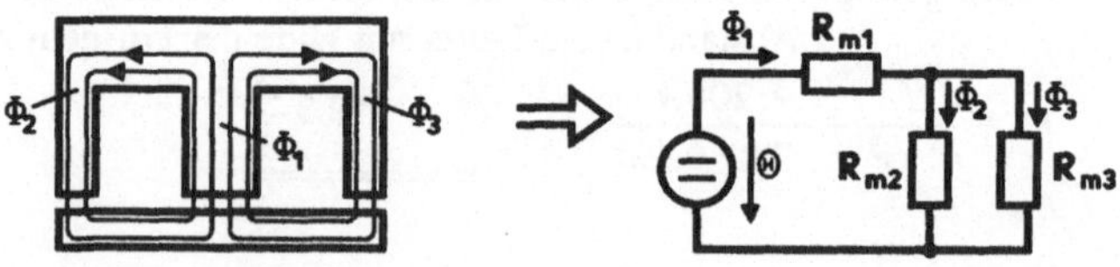


**3.6.2** **Gesucht:** $R_{m1} = ?$, $R_{m2} = ?$, $R_{m3} = ?$.

**Lösungsweg:** Anwenden von Formel 7.13.

$$R_{m1} = \frac{l_L}{\mu_0 A_1} = \frac{2 \cdot 10^{-4}\,mAm}{4\pi \cdot 10^{-7}\,Vs \cdot 4 \cdot 10^{-4}\,m^2} \quad , \qquad \underline{R_{m1} = 3,979 \cdot 10^5\,\frac{A}{Vs}} \; .$$

$$R_{m2} = \frac{l_L}{\mu_0 A_2} = \frac{2 \cdot 10^{-4}\,mAm}{4\pi \cdot 10^{-7}\,Vs \cdot 2 \cdot 10^{-4}\,m^2} \quad , \qquad \underline{R_{m2} = 7,958 \cdot 10^5\,\frac{A}{Vs}} \; .$$

$$\underline{R_{m2} = R_{m3} = 7,958 \cdot 10^5\,\frac{A}{Vs}} \; .$$

**3.6.3** **Gesucht:** $L = ?$.
**Lösungsweg:** Anwenden von Formel 7.12.

$$R_{mges} = R_{m1} + (R_{m2} \| R_{m3}) = R_{m1} + \frac{R_{m2} R_{m3}}{R_{m2} + R_{m3}} ,$$

$$R_{mges} = \left[ 3{,}979 + \frac{7{,}958 \cdot 7{,}958}{7{,}958 + 7{,}958} \right] \cdot 10^5 \frac{A}{Vs} ,$$

$$R_{mges} = 7{,}958 \cdot 10^5 \frac{A}{Vs} .$$

$$L = \frac{N^2}{R_{mges}} = \frac{500^2}{7{,}958 \cdot 10^5 \frac{A}{Vs}} , \qquad \underline{\underline{L = 314{,}1 \, mH}} .$$

**3.6.4** **Gegeben:** $A_W = 0{,}1 \ mm^2$, $l = 60 \ m$, $U = 230 \ V$, $f = 50 \ Hz$.
**Gesucht:** $I = ?$.
**Lösungsweg:**
a) Berechnen des Ohmschen Widerstandes der Wicklung (Formel 2.1).
b) Berechnen der Impedanz Z der Spule (Formeln 4.4 und 4.15).
c) Berechnen des Stromes mit Formel 4.3.

zu a)

$$R = \frac{\varrho \, l}{A_W} = \frac{1{,}79 \cdot 10^{-8} \, \Omega m \cdot 60 \, m}{0{,}1 \cdot 10^{-6} \, m^2} , \qquad \underline{\underline{R = 10{,}74 \, \Omega}} .$$

zu b)

$$\underline{Z} = R + j X_L ,$$

$$Z = \sqrt{R^2 + (\omega L)^2} = \sqrt{10{,}74^2 + (2\pi \cdot 50 \cdot 0{,}3141)^2} \, \Omega ,$$

$$\underline{\underline{Z = 99{,}26 \, \Omega}} .$$

zu c)

$$I = \frac{U}{Z} = \frac{230 \, V}{99{,}26 \, \Omega} , \qquad \underline{\underline{I = 2{,}317 \, A}} .$$

### 3.7 Magnetisierungskennlinie von Eisen

**Gegeben:** $l_1 = 12$ cm, $l_2 = 2$ cm, $l_L = 0,1$ mm, $A_1 = 0,5$ cm², $A_2 = 1,0$ cm²,
N = 60.

**3.7.1 Gesucht:** Magnetisierungskennlinie.
**Lösungsweg:** Übertragen der aus der Tabelle gegebenen Werte in ein Diagramm.

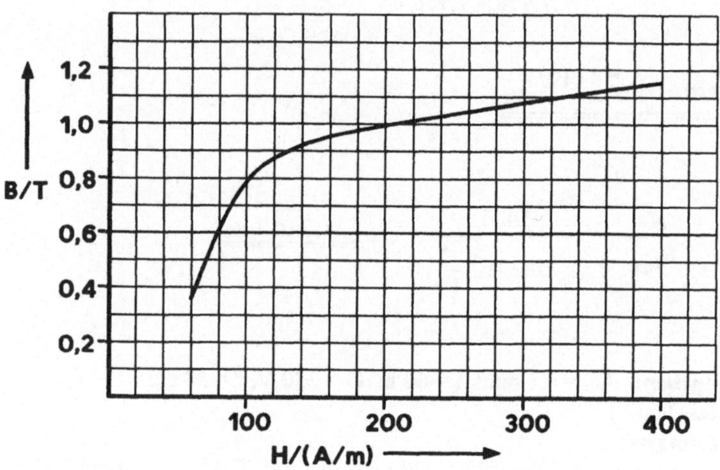


**3.7.2 Gegeben:** $\Phi = 5 \cdot 10^{-5}$ Vs.
**Gesucht:** I = ?.
**Lösungsweg:**
a) Ermitteln von $B_1$ und $H_1$ mit Hilfe der Formel 7.11 und des Diagramms aus 3.7.1.
b) Ermitteln von $B_2$ und $H_2$ mit Hilfe der Formel 7.11 und des Diagramms aus 3.7.1.
c) Ermitteln von $B_L$ und $H_L$ mit Hilfe der Formeln 7.11 und 7.7.
d) Anwenden des Durchflutungsgesetzes (Formel 7.10).

zu a)

$$B_1 = \frac{\Phi}{A_1} = \frac{5 \cdot 10^{-5}\,Vs}{0,5 \cdot 10^{-4}\,m^2} \qquad \underline{B_1 = 1\,T},$$

aus dem Diagramm 3.7.1 erhält man:

$$\underline{H_1 = 200\,\frac{A}{m}}.$$

zu b)

$$B_2 = \frac{\Phi}{A_2} = \frac{5 \cdot 10^{-5}\, Vs}{1 \cdot 10^{-4}\, m^2} \qquad \underline{B_2 = 0,5\, T},$$

aus dem Diagramm 3.7.1 erhält man:

$$\underline{H_2 = 70\, \frac{A}{m}}.$$

zu c)

Unter Vernachlässigung der magnetischen Streuung gilt: $A_L = A_2$.

$$B_L = \frac{\Phi}{A_2} = \frac{5 \cdot 10^{-5}\, Vs}{1 \cdot 10^{-4}\, m^2}, \qquad \underline{B_L = 0,5\, T},$$

$$H_L = \frac{B_L}{\mu_0} = \frac{0,5\, VsAm}{m^2\, 4\,\pi \cdot 10^{-7}\, Vs}, \qquad \underline{H_L = 3,979 \cdot 10^5\, \frac{A}{m}}.$$

zu d)

$$\Theta = \oint \vec{H}\, d\vec{s} = H_1\, l_1 + H_2\, l_2 + H_L\, l_L,$$

$$\Theta = 200\, \frac{A}{m} \cdot 0,12\, m + 70\, \frac{A}{m} \cdot 0,02\, m + 3,979 \cdot 10^5\, \frac{A}{m} \cdot 1 \cdot 10^{-4}\, m,$$

$$\underline{\Theta = 65,19\, A}, \qquad I = \frac{\Theta}{N} = \frac{65,19\, A}{60}, \qquad \underline{I = 1,087\, A}.$$

## 3.8  Magnetische Streuung

**Gegeben:**  $\mu_r = 4000$, $l_{Fe} = 20$ cm, $A_{Fe} = 5$ cm$^2$, $l_L = 0,5$ mm, $N = 50$, $I = 2$ A.

**3.8.1**  **Gesucht:**  $R_{mFe} = ?$, $R_{mL} = ?$.
**Lösungsweg:**
a) Berechnen von $R_{mFe}$ mit Hilfe der Formel 7.13.
b) Berechnen des Streufaktors $\tau$ mit Hilfe der Formel 7.14.
c) Berechnen von $R_{mL}$ mit Hilfe der Formel 7.13.

zu a)

$$R_{mFe} = \frac{l_{Fe}}{A_{Fe}\, \mu_0\, \mu_r} = \frac{0,2\, m\, Am}{5 \cdot 10^{-4}\, m^2 \cdot 4\,\pi \cdot 10^{-7}\, Vs \cdot 4000},$$

$$\underline{\underline{R_{mFe} = 79577\, \frac{A}{Vs}}}.$$

78

zu b)

Für kreisförmigen Kernquerschnitt gilt:

$$A_{Fe} = r^2\pi, \qquad r = \sqrt{\frac{A_{Fe}}{\pi}} = \sqrt{\frac{5\cdot 10^{-4}\,m^2}{\pi}} = 1,262\,cm,$$

$$l_u = 2r\pi = 2\cdot 1,262\cdot 10^{-2}\,m\cdot\pi = 7,929\,cm,$$

$$\tau = \frac{2,5\,l_u\,l_L}{A_{Fe}} = \frac{2,5\cdot 7,929\cdot 10^{-2}\,m\cdot 5\cdot 10^{-4}\,m}{5\cdot 10^{-4}\,m^2},$$

$$\underline{\tau = 0,1982}\ .$$

zu c)

$$A_L = A_{Fe}(1+\tau) = 5\cdot 10^{-4}\,m^2\cdot(1+0,1982), \qquad \underline{A_L = 5,991\,cm^2},$$

$$R_{mL} = \frac{l_L}{A_L\,\mu_0} = \frac{5\cdot 10^{-4}\,mAm}{5,991\cdot 10^{-4}\,m^2\cdot 4\pi\cdot 10^{-7}\,Vs}, \qquad \underline{R_{mL} = 6,641\cdot 10^5\,\frac{A}{Vs}}\ .$$

3.8.2    **Gesucht:**   $\Phi = ?$.
**Lösungsweg:**
a) Berechnen von $R_{mges}$.
b) Anwenden von Formel 7.15

zu a)
$$R_{mges} = R_{mFe} + R_{mL},$$

$$R_{mges} = (7,958\cdot 10^4 + 6,641\cdot 10^5)\,\frac{A}{Vs},$$

$$\underline{R_{mges} = 7,437\cdot 10^5\,\frac{A}{Vs}}\ .$$

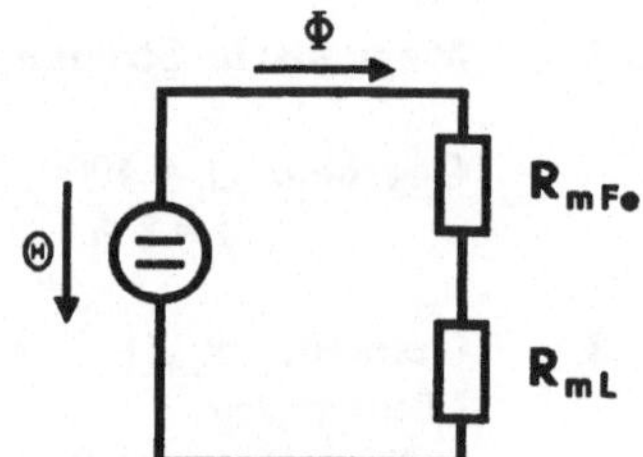


zu b)

$$\Phi = \frac{\Theta}{R_{mges}} = \frac{IN}{R_{mges}} = \frac{2A\cdot 50Vs}{7,437\cdot 10^5\,A}, \qquad \underline{\Phi = 1,345\cdot 10^{-4}\,Vs}\ .$$

**3.8.3**   **Gesucht:** $B_{Fe} = ?$, $B_L = ?$.
**Lösungsweg:** Anwenden von Formel 7.11.

$$B_{Fe} = \frac{\Phi}{A_{Fe}} = \frac{1{,}345 \cdot 10^{-4}\,Vs}{5 \cdot 10^{-4}\,m^2}\,, \qquad \underline{\underline{B_{Fe} = 0{,}269\,T}}\,.$$

$$B_L = \frac{\Phi}{A_L} = \frac{1{,}345 \cdot 10^{-4}\,Vs}{5{,}991 \cdot 10^{-4}\,m^2}\,, \qquad \underline{\underline{B_L = 0{,}225\,T}}\,.$$

**3.8.4**   **Gesucht:** $H_{Fe} = ?$, $H_L = ?$.
**Lösungsweg:** Anwenden von Formel 7.7.

$$H_{Fe} = \frac{B_{Fe}}{\mu_0\,\mu_r} = \frac{0{,}269\,VsAm}{m^2 \cdot 4\pi \cdot 10^{-7}\,Vs \cdot 4000}\,, \qquad \underline{\underline{H_{Fe} = 53{,}52\,\frac{A}{m}}}\,.$$

$$H_L = \frac{B_L}{\mu_0} = \frac{0{,}225\,VsAm}{m^2 \cdot 4\pi \cdot 10^{-7}\,Vs}\,, \qquad \underline{\underline{H_L = 1{,}787 \cdot 10^5\,\frac{A}{m}}}\,.$$

**3.8.5**   **Gesucht:** $L = ?$.
**Lösungsweg:** Anwenden von Formel 7.12.

$$L = \frac{N^2}{R_{mges}} = \frac{50^2\,Vs}{7{,}437 \cdot 10^5\,A}\,, \qquad \underline{\underline{L = 3{,}362\,mH}}\,.$$

## 3.9   Spannung und Strom an einer Spule

**3.9.1**   **Gegeben:** $u = f(t)$.
**Gesucht:** $i = f(t)$.
**Lösungsweg:** Anwenden des Induktionsgesetzes (Formel 7.18).

$$u = L\,\frac{di}{dt}\,, \qquad i = \frac{1}{L} \int u\,dt\,,$$

$$i = \frac{1}{L} \int U_0\,dt\,,$$

$$\underline{\underline{i = \frac{U_0}{L}\,t + I_0}}\,.$$

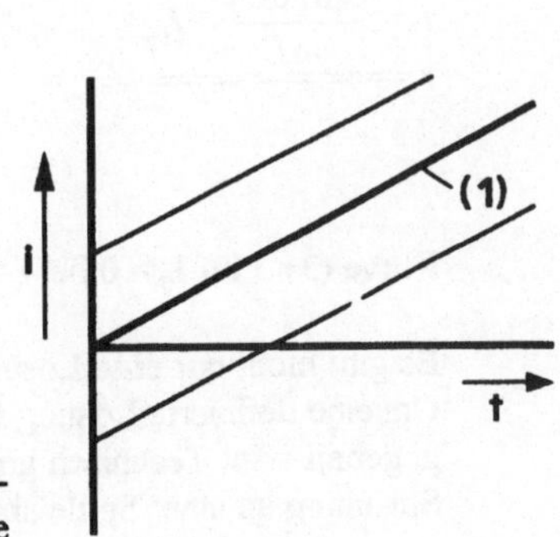


Kurve (1): i für $I_0 = 0$ bei $t = 0$.

Es gibt nicht nur **eine** Lösung, sondern eine Kurvenschar mit dem Scharparameter $I_0$. Um eine definierte Lösung für i(t) zu erhalten, muß die Anfangsbedingung (i für $t = 0$) gegeben sein.

80

3.9.2    **Gegeben:** u = f(t).
**Gesucht:** i = f(t).
**Lösungsweg:** Anwenden des Induktionsgesetzes (Formel 7.18).

$$u = L \frac{di}{dt}, \qquad i = \frac{1}{L} \int u\, dt,$$

$$i = \frac{1}{L} \int \frac{U_0}{\tau} t\, dt,$$

$$i = \frac{U_0\, t^2}{2\,\tau\, L} + I_0 .$$

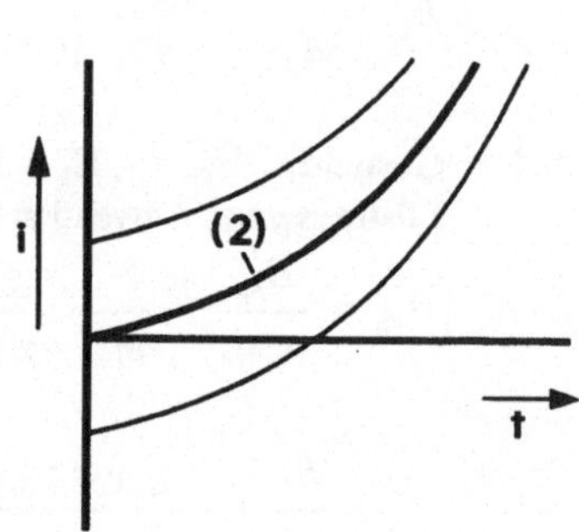


Kurve (2): i für $I_0 = 0$ bei $t = 0$.

Es gibt nicht nur **eine** Lösung, sondern eine Kurvenschar mit dem Scharparameter $I_0$. Um eine definierte Lösung für i(t) zu erhalten, muß die Anfangsbedingung (i für t= 0) gegeben sein.

3.9.3    **Gegeben:** u = f(t).
**Gesucht:** i = f(t).
**Lösungsweg:** Anwenden des Induktionsgesetzes (Formel 7.18).

$$u = L \frac{di}{dt}, \qquad i = \frac{1}{L} \int u\, dt,$$

$$i = \frac{1}{L} \int \cos(\omega t)\, dt,$$

$$i = \frac{\sin(\omega t)}{\omega L} + I_0 .$$

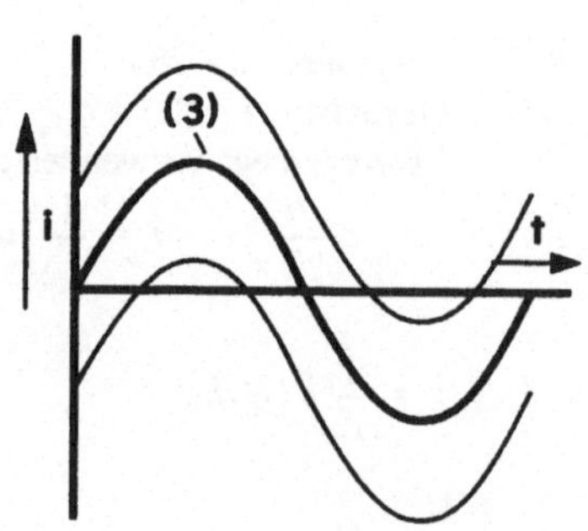


Kurve (3): i für $I_0 = 0$ bei $t = 0$.

Es gibt nicht nur **eine** Lösung, sondern eine Kurvenschar mit dem Scharparameter $I_0$. Um eine definierte Lösung für i(t) zu erhalten, muß die Anfangsbedingung (i für t =0) gegeben sein. Technisch gesehen bedeutet dies, daß auch dann dieselbe sinusförmige Spannung an einer Spule abfällt, wenn dem Strom ein Gleichstrom überlagert ist.

### 3.10    Schaltvorgänge an Spulen

**Gegeben:**  $L = 250$ mH, $R_V = 5\ \Omega$, $U_0 = 100$ V, $R = 1$ k$\Omega$.

**3.10.1    Gesucht:**  $W_m = ?$.
**Lösungsweg:**
a) Bestimmen des Maximalstroms $I_{max}$ aus dem Ohmschen Gesetz.
b) Anwenden von Formel 7.16.

zu a)

$$I_{max} = \frac{U_0}{R_V} = \frac{100\,V}{5\,\Omega}, \qquad \underline{I_{max} = 20\,A}\ .$$

zu b)

$$W_m = \frac{1}{2}L I^2 = \frac{1}{2}\cdot 0{,}25\,\frac{Vs}{A}\cdot 400\,A^2, \qquad \underline{\underline{W_m = 50\,Ws}}\ .$$

**3.10.2    Gesucht:**  $U_{max} = ?$.
**Lösungsweg:** Anwenden von Formel 3.9.

$$u = -I_{max}Re^{-\frac{t}{\tau}}, \qquad |U_{max}| = I_{max}R = 20A\cdot 1000\Omega,$$

$$\underline{\underline{|U_{max}| = 20\,kV}}\ .$$

**3.10.3    Gesucht:**  $u = f(t),\ i = f(t)$.
**Lösungsweg:** Bestimmen der Zeitkonstanten $\tau$ des Abschaltvorganges mit Hilfe von
Formel 3.10 und Zeichnen der Tangente an die Exponentialfunktion.

$$\tau = \frac{L}{R} = \frac{0{,}25\,VsA}{1000\,AV},$$

$$\underline{\tau = 0{,}25\,ms}\ .$$

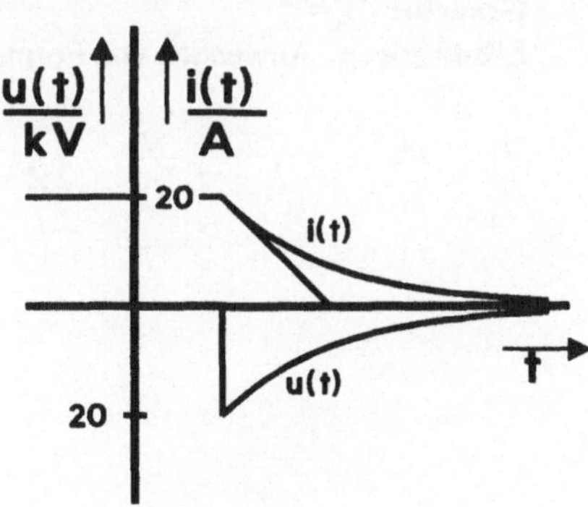

82

3.10.4 **Gesucht:** $U'_{max} = ?$, $u = f(t)$, $i = f(t)$.
**Lösungsweg:**
Die Diode wird bei der Dioden-Durchlaßspannung $U_D \approx 0,7$ V (Siliziumdiode) leitend. Deshalb wird die induzierte Spannung auf $- U_D$ begrenzt.

$$|U'_{max}| = U_D, \qquad \underline{\underline{|U'_{max}| \approx 0,7\,V}}.$$

## 3.11 Idealer Transformator

**Gegeben:** $U = 24$ V, $R = 3\,\Omega$, $N_1 = 1000$, $N_2 = 250$.

3.11.1 **Gesucht:** $U_2 = ?$.
**Lösungsweg:** Anwenden von Formel 7.19.

$$\frac{U_1}{U_2} = \frac{N_1}{N_2}, \qquad U_2 = U_1 \frac{N_2}{N_1} = 24\,V \cdot \frac{250}{1000}, \qquad \underline{\underline{U_2 = 6V}}.$$

3.11.2 **Gesucht:** $I_2 = ?$.
**Lösungsweg:** Anwenden von des Ohmschen Gesetzes (Formel 4.3).

$$I_2 = \frac{U_2}{R} = \frac{6\,V}{3\,\Omega}, \qquad \underline{\underline{I_2 = 2A}}.$$

3.11.3 **Gesucht:** $I_1 = ?$.
**Lösungsweg:** Anwenden von Formel 7.20.

$$\frac{I_1}{I_2} = \frac{N_2}{N_1}, \qquad I_1 = I_2 \frac{N_2}{N_1} = 2A \cdot \frac{250}{1000}, \qquad \underline{\underline{I_1 = 0,5A}}.$$

Technische Anwendungen

## 3.12 Stromzange

**Gegeben:** $l_{L1} = 0{,}05$ mm, $l_{L2} = 0{,}7$ mm, $l_{Fe} = 18$ cm, $A_{Fe} = 1$ cm$^2$,
$\mu_r = 2000$, $B_{max} = 1{,}5$ T.

**Gesucht:** $I_{max} = ?$.
**Lösungsweg:**
a) Ermitteln des magnetischen Gesamtwiderstandes der Stromzange mit Hilfe von Formel 7.13.
b) Berechnen der Durchflutung $\Theta = I$ nach Formel 7.9 (N = 1).

zu a)

$$R_{mFe} = \frac{l_{Fe}}{A\,\mu_0\mu_r} = \frac{0{,}18\,m\cdot Am}{10^{-4}m^2\cdot 4\pi\cdot 10^{-7}Vs\cdot 2000}, \qquad R_{mFe} = 7{,}162\cdot 10^5\frac{A}{Vs}.$$

$$R_{mL1} = \frac{l_{L1}}{A\,\mu_0} = \frac{5\cdot 10^{-5}m\,Am}{10^{-4}m^2\cdot 4\pi\cdot 10^{-7}Vs}, \qquad R_{mL1} = 3{,}979\cdot 10^5\frac{A}{Vs}.$$

$$R_{mL2} = \frac{l_{L2}}{A\,\mu_0} = \frac{7\cdot 10^{-4}m\,Am}{10^{-4}m^2\cdot 4\pi\cdot 10^{-7}Vs}, \qquad R_{mL2} = 5{,}570\cdot 10^6\frac{A}{Vs}.$$

$$R_{mges} = R_{mFe} + R_{mL1} + R_{mL2}, \qquad R_{mges} = 6{,}684\cdot 10^6\frac{A}{Vs}.$$

zu b)

$$\Theta = I_{max} = \Phi\,R_{mges} = B_{max}A\,R_{mges} = 1{,}5\frac{Vs}{m^2}\cdot 10^{-4}m^2\cdot 6{,}684\cdot 10^6\frac{A}{Vs},$$

$$I = 1003\,A.$$

## 3.13 Elektromagnet eines Elektrokrans

**Gegeben:** $d_1 = 10$ cm, $d_2 = 20$ cm, $d_3 = 24$ cm.
**Gesucht:** $\Theta = IN = ?$.
**Lösungsweg:**
a)  Berechnen des magnetischen Flusses $\Phi$ mit Hilfe von Formel 7.4.
b)  Berechnen des magn. Gesamtwiderstandes der Luftspalte mit Formel 7.13.
c)  Ermitteln der Durchflutung $\Theta$ durch Anwenden von Formel 7.15.

zu a)

$$A_1 = r_1^2 \pi = 25\,cm^2 \cdot \pi, \qquad \underline{A_1 = 78,54\,cm^2},$$

$$A_2 = \left(r_3^2 - r_2^2\right)\pi = \left(12^2 - 10^2\right)cm^2 \cdot \pi, \qquad \underline{A_2 = 138,2\,cm^2}.$$

$$F_{ges} = \frac{B_1^2 A_1}{2\mu_0} + \frac{B_2^2 A_2}{2\mu_0} = \frac{1}{2\mu_0}\left(B_1^2 A_1 + B_2^2 A_2\right).$$

Da der magnetische Fluß $\Phi$ in den beiden Luftspalten gleich groß ist, muß gelten:

$$F_{ges} = \frac{1}{2\mu_0}\left(\frac{\Phi^2}{A_1} + \frac{\Phi^2}{A_2}\right) = \frac{\Phi^2}{2\mu_0}\left(\frac{1}{A_1} + \frac{1}{A_2}\right),$$

$$\Phi = \sqrt{\frac{2\mu_0 F}{\dfrac{1}{A_1} + \dfrac{1}{A_2}}} = \sqrt{\frac{2 \cdot 4 \cdot \pi \cdot 10^{-7}\,\dfrac{Vs}{A}\,m \cdot 20000\,\dfrac{VAs}{m}}{\left(\dfrac{1}{78,54} + \dfrac{1}{138,2}\right)\cdot 10^4\,\dfrac{1}{m^2}}}$$

$$\underline{\Phi = 15,87 \cdot 10^{-3}\,Vs}.$$

zu b)

$$R_{m1} = \frac{l_l}{\mu_0 A_1} = \frac{10^{-3}m\,Am}{4\pi \cdot 10^{-7}Vs \cdot 78,54 \cdot 10^{-4}m^2}, \qquad \underline{R_{m1} = 1,013 \cdot 10^5\,\frac{A}{Vs}}.$$

$$R_{m2} = \frac{l_L}{\mu_0 A_2} = \frac{10^{-3}m\,Am}{4\pi \cdot 10^{-7}Vs \cdot 138,2 \cdot 10^{-4}m^2}, \qquad \underline{R_{m2} = 5,758 \cdot 10^4\,\frac{A}{Vs}}.$$

$$R_{mges} = R_{m1} + R_{m2}, \qquad \underline{R_{mges} = 1,589 \cdot 10^5\,\frac{A}{Vs}}.$$

zu c)

$$\Theta = \Phi R_{mges} = 15,87 \cdot 10^{-3}\,Vs \cdot 1,59 \cdot 10^5\,\frac{A}{Vs}, \qquad \underline{\Theta = IN = 2523\,A}.$$

### 3.14  Hubmagnet eines Magnetventils

**Gegeben:**  $d_1 = 34{,}96$ mm, $d_2 = 35$ mm, $d_3 = 20$ mm, $l_1 = 10$ mm,
$\quad\quad\quad\quad l_{L1} = 3$ mm, $I = 2$ A, $F = 10$ N.

**Gesucht:**  $N = ?$.

**Lösungsweg:**

a) Berechnen der magnetischen Widerstände der Luftspalte nach der Formel 7.13.

b) Berechnen der erforderlichen Induktion im Luftspalt 2 nach Formel 7.4.

c) Berechnen der Windungszahl mit Hilfe von Formel 7.15.

zu a)

Luftspalt 1:

$$A_1 = \left(\frac{d_3}{2}\right)^2 \pi = 100\, mm^2 \cdot \pi, \qquad \underline{A_1 = 314\, mm^2}.$$

$$R_{m1} = \frac{l_{L1}}{\mu_0 A_1} = \frac{3 \cdot 10^{-3}\, mAm}{4\pi \cdot 10^{-7} Vs \cdot 314 \cdot 10^{-6} m^2}, \qquad \underline{R_{m1} = 7{,}603 \cdot 10^6\, \frac{A}{Vs}}.$$

Luftspalt 2:

$$\overline{d} = \frac{d_1 + d_2}{2} = \frac{34{,}96\, mm + 35{,}00\, mm}{2}, \qquad \overline{d} = 34{,}98\, mm,$$

$$A_2 = \overline{d}\pi l_1 = 34{,}98\, mm \cdot \pi \cdot 10\, mm, \qquad \underline{A_2 = 1099\, mm^2},$$

$$R_{m2} = \frac{(d_2 - d_1)/2}{\mu_0 A_2} = \frac{2 \cdot 10^{-5}\, mAm}{4\pi \cdot 10^{-7} Vs \cdot 1099 \cdot 10^{-6} m^2}, \qquad \underline{R_{m2} = 1{,}488 \cdot 10^4\, \frac{A}{Vs}}.$$

$$R_{mges} = R_{m1} + R_{m2}, \qquad \underline{R_{mges} = 7{,}617 \cdot 10^6\, \frac{A}{Vs}}.$$

zu b)

Am Luftspalt 2 entstehen nur Radialkräfte, die sich gegenseitig aufheben. Zur Axialkraft trägt nur der Luftspalt 1 bei.

$$F = \frac{B^2 A_1}{2\mu_0}; \qquad B = \sqrt{\frac{2\mu_0 F}{A_1}} = \sqrt{\frac{2 \cdot 4 \cdot \pi \cdot 10^{-7} Vs \cdot 10\, VAs}{314 \cdot 10^{-6} m^2 \cdot A\, mm}},$$

$$\underline{B = 0{,}2829\, T}.$$

zu c)

$$\Theta = IN = \Phi R_{mges} = BAR_{mges} \, ,$$

$$N = \frac{BA_1 R_{mges}}{I} = \frac{0{,}2829\,\dfrac{Vs}{m^2}\cdot 314\cdot 10^{-6} m^2 \cdot 7{,}617\cdot 10^6\,\dfrac{A}{Vs}}{2A} \, , \qquad \underline{\underline{N = 338{,}3}} \, .$$

In der Praxis wird die Windungszahl auf N = 339 aufgerundet.


### 3.15    Dimensionierung einer Entstördrossel

**Gegeben:** $l = 11$ cm, A = 0,8 cm² $\mu_r = 1800$, L = 3 mH.
**Gesucht:** N = ?.
**Lösungsweg:** Anwendung von Formel 7.12.

$$L = \frac{N^2}{R_m}, \qquad N = \sqrt{LR_m} = \sqrt{\frac{Ll}{\mu_0 \mu_r A}} = \sqrt{\frac{3\cdot 10^{-3}\,\dfrac{Vs}{A}\cdot 0{,}11\, mAm}{4\pi\cdot 10^{-7} Vs\cdot 0{,}8\cdot 10^{-4} m^2\cdot 1800}} \, ,$$

$$\underline{\underline{N = 42{,}70}} \, .$$

In der Praxis wird die Windungszahl auf N = 43 aufgerundet.


### 3.16    Batteriezündung für Kfz

**Gegeben:** $I_{max} = 3$ A, $U_B = 14$ V.

**3.16.1**  **Gegeben:** W = 0,05 Ws.
**Gesucht:** L = ?.
**Lösungsweg:** Anwenden von Formel 7.16.

$$W = \frac{1}{2} L I_{max}^2, \qquad L = \frac{2W}{I_{max}^2} = 2\cdot \frac{0{,}05\, Ws}{3^2 A^2} \, , \qquad \underline{\underline{L = 11{,}11\, mH}} \, .$$


**3.16.2**  **Gegeben:** $U'_B = 8$ V.
**Gesucht:** $R_V = ?$, $R_L = ?$.
**Lösungsweg:** Anwendung des Ohmschen Gesetzes unter der Bedingung, daß $I_{max} = 3$ A, da dann die gespeicherte magnetische Energie konstant bleibt.

$$R_L = \frac{U_B'}{I_{max}} = \frac{8\,V}{3\,A}, \qquad \underline{\underline{R_L = 2,67\,\Omega}}.$$

$$I_{max} = \frac{U_B}{R_V + R_L},$$

$$R_V = \frac{U_B}{I_{max}} - R_L = \frac{14\,V}{3\,A} - 2,67\,\Omega,$$

$$\underline{\underline{R_V = 2\,\Omega}}.$$

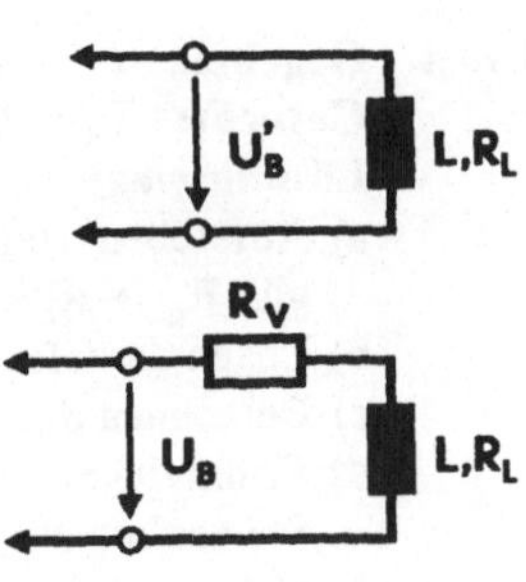


**3.16.3**  **Gegeben:** $i = 3/4\ I_{max}$.
**Gesucht:** $t = ?$.
**Lösungsweg:** Anwenden der Formeln 3.10 und 3.6.

$$\tau = \frac{L}{R_V + R_L},$$

$$\tau = \frac{11,11 \cdot 10^{-3}\,VsA}{4,67\,A\,V},$$

$$\underline{\tau = 2,38\,ms},$$

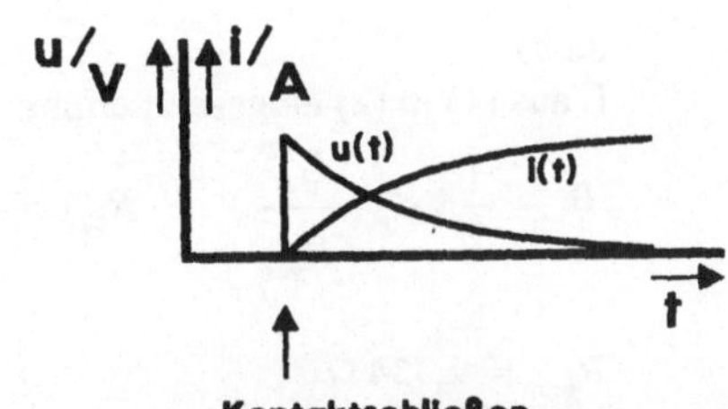


$$i = I_{max}\left(1 - e^{-\frac{t}{\tau}}\right),$$

mit $i = 3/4\ I_{max}$ gilt:

$$\frac{3}{4} = 1 - e^{-\frac{t}{\tau}}, \qquad -\frac{1}{4} = -e^{-\frac{t}{\tau}},$$

$$\ln\left(\frac{1}{4}\right) = -\frac{t}{\tau}, \qquad t = -\tau \cdot \ln\left(\frac{1}{4}\right) = -2,38\,ms \cdot (-1,386),$$

$$\underline{\underline{t = 3,3\,ms}}.$$

**3.16.4** **Gegeben:** $\tau = 1,19$ ms, $W = 0,05$ Ws.
**Gesucht:** $R_L = ?$, $R_V = ?$, $L = ?$.
**Lösungsweg:**

a) Aufstellen von zwei Gleichungen mit den zwei Unbekannten L und $R_{ges}$, wobei gilt: $R_{ges} = R_L + R_V$.

b) Lösen der Gleichungen und Ermitteln von L und $R_{ges}$.

c) Berechnen des maximalen Stromes $I_{max}$ durch Anwenden des Ohmschen Gesetzes.

d) Ermitteln der Widerstände $R_L$ und $R_V$ mit Hilfe der Bedingung, daß auch bei Startanhebung die magnetische Energie in der Zündspule $W = 0,05$ Ws betragen muß.

zu a)

$$\tau = \frac{L}{R_{ges}}, \qquad L = \tau R_{ges}. \qquad (1)$$

$$W = \frac{1}{2} L I_{max}^2, \qquad W = \frac{1}{2} L \frac{U_B^2}{R_{ges}^2}. \qquad (2)$$

zu b)

L aus (1) in (2) eingesetzt ergibt:

$$W = \frac{1}{2}\tau R_{ges} \frac{U_B^2}{R_{ges}^2}, \qquad R_{ges} = \frac{U_B^2 \tau}{2W} = \frac{196\,V^2 \cdot 1,191 \cdot 10^{-3}\,s}{2 \cdot 0,05\,V A\,s},$$

$$\underline{R_{ges} = 2,334\,\Omega}.$$

$$L = \tau R_{ges} = 1,191\,ms \cdot 2,334\,\Omega, \qquad \underline{L = 2,780\,mH}.$$

zu c)

$$I_{max} = \frac{U_B}{R_{ges}} = \frac{14\,V}{2,334\,\Omega}, \qquad \underline{I_{max} = 5,998\,A}.$$

zu d)

Bei Startanhebung müssen die magnetische Energie W und der Strom $I_{max}$ so hoch wie im Normalbetrieb sein, deshalb gilt:

$$R_L = \frac{U_B'}{I_{max}} = \frac{8\,V}{5,998\,A}, \qquad \underline{R_L = 1,334\,\Omega}.$$

Im Normalbetrieb gilt:

$$R_V = \frac{U_B}{I_{max}} - R_L = \frac{14\,V}{5,998\,A} - 1,334\,\Omega, \qquad \underline{R_V = 1,000\,\Omega}.$$

# Lösungen zu 4 (Wechselstrom)

Grundlagen

## 4.1     Periodendauer, Mittelwert

**Gegeben:** $u = f(t)$.

4.1.1    **Gesucht:** $U_{SS} = ?$.
        **Lösungsweg:** Die Spannung $U_{SS}$ von Spitze zu Spitze ist definiert als die Differenz zwischen höchstem und niedrigstem Momentanwert der Funktion $u = f(t)$.

$$U_{SS} = u_{max} - u_{min} = 2V - (-1V), \qquad \underline{\underline{U_{SS} = 3V}}.$$

aus dem gegebenen Diagramm kann man ablesen:

$$\underline{\underline{T = 8\,ms}}.$$

4.1.2    **Gesucht:** $\bar{u} = ?, U = ?$.
**Lösungsweg:**
a) Aufstellen der Funktion $u = f(t)$ (Geradengleichung), wegen der Unstetigkeitsstelle bei $t = 6$ ms in zwei Intervallen.
b) Berechnen des arithmetischen Mittelwertes nach Formel 1.1.
c) Ermittlung des Effektivwertes nach Formel 1.3.

zu a)

Intervall 1:

$$u_1 = U_{01} + at,$$

wobei aus dem Diagramm folgende Parameter abgelesen werden:

$$U_{01} = -1\,V, \qquad a = 0{,}5\,\frac{V}{ms}.$$

90

Intervall 2:

$$u_2 = U_{02} + bt,$$

wobei aus dem Diagramm folgende Parameter abgelesen werden:

$$U_{02} = 11\,V, \qquad b = -1,5\,\frac{V}{ms}.$$

Die Integration wird in diesen beiden Intervallen durchgeführt:

$$\overline{u} = \frac{1}{T}\int\limits_{0\,ms}^{6\,ms} u_1(t)\,dt + \frac{1}{T}\int\limits_{6\,ms}^{8\,ms} u_2(t)\,dt.$$

$$\text{Intervall 1} \qquad\qquad \text{Intervall 2}$$

**zu b)**

Intervall 1:

$$\overline{u}_1 = \frac{1}{T}\int\limits_{0\,ms}^{6\,ms}(U_{01}+at)\,dt = \frac{1}{T}\Big[U_{01}t\Big]_{0\,ms}^{6\,ms} + \frac{1}{T}\left[\frac{at^2}{2}\right]_{0\,ms}^{6\,ms},$$

$$\overline{u}_1 = \frac{1}{8\,ms}\big[(-1\,V)\cdot 6\,ms\big] + \frac{1}{8\,ms}\left[0,5\,\frac{V}{ms}\cdot\frac{6^2\,(ms)^2}{2}\right],$$

$$\overline{u}_1 = \frac{3}{8}\,V.$$

Intervall 2:

$$\overline{u}_2 = \frac{1}{T}\int\limits_{6\,ms}^{8\,ms}(U_{02}+bt)\,dt = \frac{1}{T}\Big[U_{02}t\Big]_{6\,ms}^{8\,ms} + \frac{1}{T}\left[\frac{bt^2}{2}\right]_{6\,ms}^{8\,ms},$$

$$\overline{u}_2 = \frac{1}{8\,ms}\big[11\,V\,(8\,ms-6\,ms)\big] + \frac{1}{8\,ms}\left[-1,5\,\frac{V}{ms}\left(\frac{8^2\,(ms)^2}{2}-\frac{6^2\,(ms)^2}{2}\right)\right],$$

$$\overline{u}_2 = \frac{1}{8}\,V.$$

Zusammenfassen der beiden Intervalle:

$$\bar{u} = \bar{u}_1 + \bar{u}_2 = \frac{3}{8} V + \frac{1}{8} V, \qquad \bar{u} = \frac{1}{2} V.$$

zu c)

$$U_1 = \sqrt{\frac{1}{T} \left[ \int\limits_{0\,ms}^{6\,ms} (U_{01} + at)^2 \, dt + \int\limits_{6\,ms}^{8\,ms} (U_{02} + bt)^2 \, dt \right]}$$

$$U_2 = \sqrt{\frac{1}{T} \left\{ \left[ \frac{1}{3a} (U_{01} + at)^3 \right]_{0\,ms}^{6\,ms} + \left[ \frac{1}{3b} (U_{02} + bt)^3 \right]_{6\,ms}^{8\,ms} \right\}},$$

$$U_1 = \sqrt{\frac{1}{12\,V}\left[(-1\,V + 3\,V)^3 - + (-1\,V)^3\right] - \frac{1}{36\,V}\left[(-1\,V)^3 - (2\,V)^3\right]}$$

$$\underline{\underline{U_1 = 1V.}}$$

## 4.2 Effektivwert, Spitzenwert

**Gegeben:** $U_G = 300$ V, $U = 230$ V.
**Gesucht:** $\hat{U} = ?$
**Lösungsweg:** Die Scheitelspannung darf nicht höher als die Gleichspannung sein. Berechnung der Scheitelspannung nach Formel 1.3.

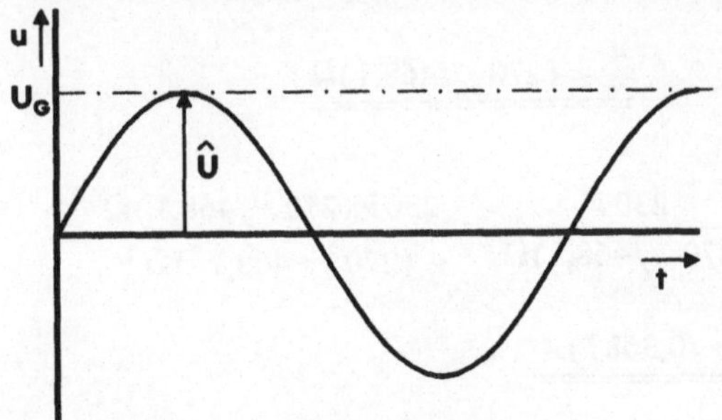


$$\hat{U} = \sqrt{2}\, U = \sqrt{2} \cdot 230\,V, \qquad \underline{\underline{\hat{U} = 325{,}5\,V}}.$$

Der Kondensator darf nicht an die Wechselspannung angeschlossen werden.

## 4.3 Stromkreisberechnungen

**Gegeben:** $U = 230$ V, $f = 50$ Hz, $R = 270\ \Omega$, $L = 0{,}3$ H, $C = 6{,}8\ \mu$F.
Daraus folgt: $X_L = \omega L = 94{,}25\ \Omega$, $X_C = 1/\omega C = 468{,}1\ \Omega$.

**4.3.1 Gesucht:** $\underline{Z} = ?$, $\underline{I} = ?$, $\underline{U}_R = ?$, $\underline{U}_C = ?$.
**Lösungsweg I:** Zeichnen eines nicht maßstäblichen Zeigerdiagramms zur Übersicht und reelle Berechnung der Größen.

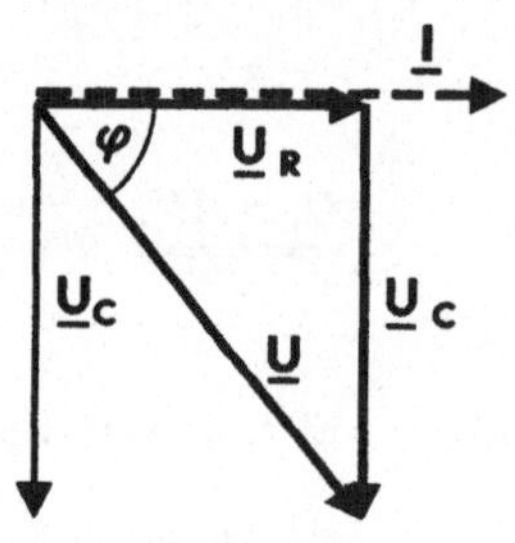



$$\underline{Z} = R - jX_C$$

$$Z = \sqrt{R^2 + X_C^2} = \sqrt{270^2 + 468{,}1^2}\ \Omega,$$

$$\underline{Z} = 540{,}4\ \Omega.$$

$$I = \frac{U}{Z} = \frac{230\,V}{540{,}4\ \Omega}, \qquad I = 0{,}4256\,A.$$

$$U_R = IR = 0{,}4256\,A \cdot 270\ \Omega, \qquad U_R = 114{,}9\,V.$$

$$U_C = IX_C = 0{,}4256\,A \cdot 468{,}1\ \Omega, \qquad U_C = 199{,}2\,V.$$

$$\varphi = \arctan\frac{U_C}{U_R} = \arctan\frac{199{,}2\,V}{114{,}9\,V}, \qquad \varphi = 60{,}02\,°$$



Der Strom $\underline{I}$ eilt der Spannung $\underline{U}$ um $60{,}02°$ voraus

**Lösungsweg II:** Komplexe Berechnung der Größen.

$$\underline{Z} = R - jX_C, \qquad \underline{Z} = (270 - j468{,}1)\Omega.$$

$$\underline{I} = \frac{U}{\underline{Z}} = \frac{230\,V}{(270 - j468{,}1)\Omega} = \frac{230\,V(270 + j468{,}1)\,\Omega}{(270^2 + 468{,}1^2)\Omega^2},$$

$$\underline{I} = (0{,}2127 + j0{,}3687)\,A.$$

$$\underline{U}_R = \underline{I}R = (0{,}2127 + j0{,}3687)\,A \cdot 270\,\Omega,$$

$$\underline{U}_R = (57{,}43 + j99{,}55)\,V.$$

$$\underline{U}_C = \underline{I}\,(-jX_C) = (0{,}2127 + j0{,}3687)A \cdot (-j468{,}1)\Omega,$$

$$\underline{U}_C = (172{,}6 - j\,99{,}56)V.$$

$$\varphi = \varphi_u - \varphi_i, \qquad \underline{\varphi_u = 0°},$$

$$\varphi_i = \arctan\frac{Im\{\underline{I}\}}{Re\{\underline{I}\}} = \arctan\frac{0{,}3687\,A}{0{,}2127\,A}, \qquad \underline{\varphi_i = 60{,}02°},$$

$$\varphi = 0° - 60{,}02°, \qquad \underline{\varphi = -60{,}02°}.$$

Das negative Vorzeichen des Winkels $\varphi$ bedeutet, daß die Spannung $\underline{U}$ dem Strom $\underline{I}$ nacheilt.

Die Beträge der komplexen Größen lassen sich folgendermaßen berechnen:

$$Z = \sqrt{\left(Re\{\underline{Z}\}\right)^2 + \left(Im\{\underline{Z}\}\right)^2} = \sqrt{270^2 + 468{,}1^2}\,\Omega, \qquad \underline{Z = 540{,}4\,\Omega},$$

$$I = \sqrt{\left(Re\{\underline{I}\}\right)^2 + \left(Im\{\underline{I}\}\right)^2} = \sqrt{0{,}2127^2 + 0{,}3687^2}\,A, \qquad \underline{I = 0{,}4257\,A},$$

$$U_R = \sqrt{\left(Re\{\underline{U}_R\}\right)^2 + \left(Im\{\underline{U}_R\}\right)^2} = \sqrt{57{,}43^2 + 99{,}55^2}\,V, \qquad \underline{U_R = 114{,}9\,V},$$

$$U_C = \sqrt{\left(Re\{\underline{U}_C\}\right)^2 + \left(Im\{\underline{U}_C\}\right)^2} = \sqrt{172{,}6^2 + 99{,}56^2}\,V, \qquad \underline{U_C = 199{,}3\,V}.$$

**4.3.2**    **Gesucht:** $\underline{Z} = ?,\ \underline{I} = ?,\ \underline{U}_R = ?,\ \underline{U}_C = ?.$
**Lösungsweg I:**    Zeichnen eines nicht maßstäblichen Zeigerdiagramms zur Übersicht und reelle Berechnung der Größen.

$$\underline{Z} = R + jX_L,$$

$$Z = \sqrt{R^2 + X_L^2} = \sqrt{270^2 + 94{,}25^2}\,\Omega,$$

$$\underline{Z = 286{,}0\,\Omega}.$$

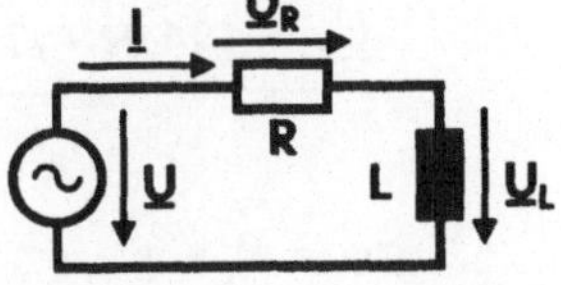

94

$$I = \frac{U}{Z} = \frac{230\,V}{286,0\,\Omega}\,, \qquad \underline{\underline{I = 0,8042\,A}}\,.$$

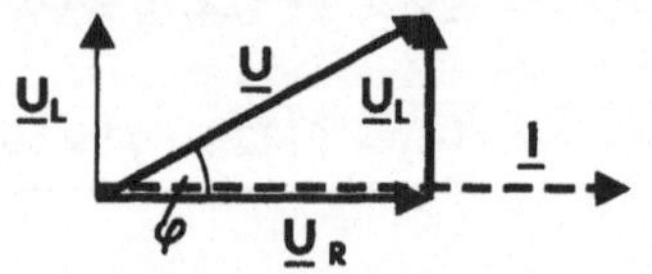


$$U_R = I\,R = 0,8042\,A \cdot 270\,\Omega\,,$$

$$\underline{\underline{U_R = 217,1\,V}}\,.$$

$$U_L = I\,X_L = 0,8042\,A \cdot 94,25\,\Omega\,, \qquad \underline{\underline{U_L = 75,80\,V}}\,.$$

$$\varphi = \arctan\frac{U_L}{U_R} = \arctan\frac{75,80\,V}{217,1\,V}\,, \qquad \underline{\underline{\varphi = 19,25°}}$$

Die Spannung $\underline{U}$ eilt dem Strom $\underline{I}$ um $19,25°$ voraus.

**Lösungsweg II:** Komplexe Berechnung der Größen.

$$\underline{Z} = R + jX_L\,, \qquad \underline{\underline{\underline{Z} = (270 + j94,25)\,\Omega}}\,.$$

$$\underline{I} = \frac{U}{\underline{Z}} = \frac{230\,V}{(270 + j94,25)\,\Omega} = \frac{230\,V\,(270 - j94,25)\,\Omega}{(270^2 + 94,25^2)\,\Omega^2}\,,$$

$$\underline{\underline{\underline{I} = (0,7593 - j0,2651)\,A}}\,.$$

$$\underline{U}_R = \underline{I}\,R = (0,7593 - j0,2651)\,A \cdot 270\,\Omega\,,$$

$$\underline{\underline{\underline{U}_R = (205,0 - j71,58)\,V}}\,.$$

$$\underline{U}_L = \underline{I}\,(jX_L) = (0,7593 - j0,2651)\,A \cdot j94,25\,\Omega\,,$$

$$\underline{\underline{\underline{U}_L = (24,99 + j71,56)\,V}}\,.$$

$$\varphi = \varphi_u - \varphi_i\,, \qquad \underline{\underline{\varphi_u = 0°}}\,,$$

$$\varphi_i = \arctan\frac{Im\,\{\underline{I}\}}{Re\,\{\underline{I}\}} = \arctan\frac{-0,2651\,A}{0,7593\,A}\,, \qquad \underline{\underline{\varphi_i = -19,25°}}\,,$$

$$\varphi = 0° - (-19,25°), \qquad \underline{\underline{\varphi = +19,25°}}.$$

Die Spannung $\underline{U}$ eilt dem Strom $\underline{I}$ um 19,25° voraus.

Die Beträge der komplexen Größen lassen sich folgendermaßen berechnen:

$$Z = \sqrt{\left(Re\{\underline{Z}\}\right)^2 + \left(Im\{\underline{Z}\}\right)^2} = \sqrt{270^2 + 94,25^2}\,\Omega, \qquad \underline{\underline{Z = 286,0\,\Omega}},$$

$$I = \sqrt{\left(Re\{\underline{I}\}\right)^2 + \left(Im\{\underline{I}\}\right)^2} = \sqrt{0,7593^2 + 0,2651^2}\,A, \qquad \underline{\underline{I = 0,8042\,A}},$$

$$U_R = \sqrt{\left(Re\{\underline{U}_R\}\right)^2 + \left(Im\{\underline{U}_R\}\right)^2} = \sqrt{205,0^2 + 71,58^2}\,V, \qquad \underline{\underline{U_R = 217,1\,V}},$$

$$U_L = \sqrt{\left(Re\{\underline{U}_L\}\right)^2 + \left(Im\{\underline{U}_L\}\right)^2} = \sqrt{24,99^2 + 71,56^2}\,V, \qquad \underline{\underline{U_L = 75,80\,V}}.$$

**4.3.3**  **Gesucht:**  $\underline{Z} = ?,\ \underline{I}_R = ?,\ \underline{I}_C = ?,\ \underline{I} = ?.$
**Lösungsweg I:**  Zeichnen eines nicht maßstäblichen Zeigerdiagramms zur Übersicht und reelle Berechnung der Größen.

$$\underline{Y} = G + B_C$$

$$Y = \sqrt{G^2 + B_C^2},$$

$$G = \frac{1}{R} = \frac{1}{270\,\Omega} = 3{,}704 \cdot 10^{-3}\,S,$$

$$B_C = \frac{1}{X_C} = \frac{1}{468{,}1\,\Omega}, \qquad B_C = 2{,}136\,mS,$$

$$Y = \sqrt{3{,}704^2 + 2{,}136^2}\,mS,$$

$$\underline{Y = 4{,}276\,mS},$$

$$Z = \frac{1}{Y} = \frac{1}{4{,}276\,mS}, \qquad \underline{\underline{Z = 233{,}9\,\Omega}}.$$

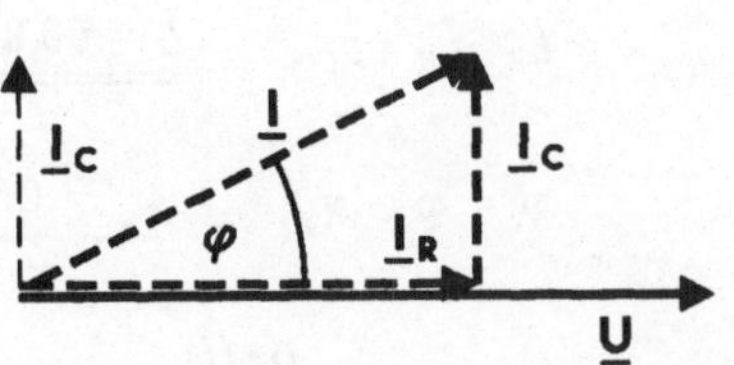

$$I_R = \frac{U}{R} = \frac{230\,V}{270\,\Omega}\,, \qquad \underline{\underline{I_R = 0{,}8519\,A}}\,.$$

$$I_C = \frac{U}{X_C} = \frac{230\,V}{468{,}1\,\Omega}\,, \qquad \underline{\underline{I_C = 0{,}4913\,A}}\,.$$

$$I = \frac{U}{Z} = \frac{230\,V}{233{,}9\,\Omega}\,, \qquad \underline{\underline{I = 0{,}9833\,A}}\,,$$

oder alternativ:

$$I = \sqrt{I_R^2 + I_C^2} = \sqrt{0{,}8519^2 + 0{,}4913^2}\,A\,, \qquad \underline{\underline{I = 0{,}9834\,A}}\,.$$

$$\varphi = \arctan\frac{I_C}{I_R} = \arctan\frac{0{,}4913\,A}{0{,}8519\,A}\,, \qquad \underline{\underline{\varphi = 29{,}97^\circ}}$$

**Lösungsweg II:** Komplexe Berechnung der Größen.

$$\underline{Y} = G + j\,B_C\,, \qquad \underline{\underline{Y = (3{,}704 + j\,2{,}136)\,mS}}\,,$$

$$\underline{Z} = \frac{1}{\underline{Y}} = \frac{1}{(3{,}704 + j\,2{,}136)\,ms} = \frac{(3{,}704 - j\,2{,}136)\,mS}{(3{,}704^2 + 2{,}136^2)\,(mS)^2}\,,$$

$$\underline{\underline{\underline{Z} = (202{,}6 - j\,116{,}8)\,\Omega}}\,.$$

$$\underline{I}_R = \frac{U}{R} = \frac{230\,V}{270\,\Omega}\,, \qquad \underline{\underline{\underline{I}_R = 0{,}8519\,A}}\,.$$

$$\underline{I}_C = \frac{U}{-j\,X_C} = \frac{230\,V}{-j\,468{,}1\,\Omega}\,, \qquad \underline{\underline{\underline{I}_C = j\,0{,}4913\,A}}\,.$$

$$\underline{I} = \underline{I}_R + \underline{I}_C\,, \qquad \underline{\underline{\underline{I} = (0{,}8519 + j\,0{,}4913)\,A}}\,.$$

$$\varphi = \varphi_u - \varphi_i\,, \qquad \underline{\underline{\varphi_u = 0^\circ}}\,,$$

$$\varphi_i = \arctan\frac{Im\{\underline{I}\}}{Re\{\underline{I}\}} = \arctan\frac{0{,}4913\,A}{0{,}8519\,A}\,, \qquad \underline{\underline{\varphi_i = 29{,}97^\circ}}\,,$$

$$\varphi = 0° - 29{,}97° , \qquad \underline{\varphi = -29{,}97°} .$$

Das negative Vorzeichen des Winkels $\varphi$ bedeutet, daß die Spannung $\underline{U}$ dem Strom $\underline{I}$ nacheilt.

Die Beträge der komplexen Größen lassen sich folgendermaßen berechnen:

$$Z = \sqrt{\left(Re\{\underline{Z}\}\right)^2 + \left(Im\{\underline{Z}\}\right)^2} = \sqrt{202{,}6^2 + 116{,}8^2}\,\Omega , \qquad \underline{Z = 233{,}9\,\Omega} ,$$

$$I_R = \sqrt{\left(Re\{\underline{I}_R\}\right)^2 + \left(Im\{\underline{I}_R\}\right)^2} = \sqrt{0{,}8159^2 + 0^2}\,A , \qquad \underline{I_R = 0{,}8159\,A} ,$$

$$I_C = \sqrt{\left(Re\{\underline{I}_C\}\right)^2 + \left(Im\{\underline{I}_C\}\right)^2} = \sqrt{0^2 + 0{,}4913^2}\,A , \qquad \underline{I_C = 0{,}4913\,A} .$$

$$I = \sqrt{\left(Re\{\underline{I}\}\right)^2 + \left(Im\{\underline{I}\}\right)^2} = \sqrt{0{,}8159^2 + 0{,}4913^2}\,A , \qquad \underline{I = 0{,}9834\,A} ,$$

**4.3.4**  **Gesucht:** $Z = ?, I_R = ?, I_L = ?, I = ?.$

**Lösungsweg I:**  Zeichnen eines nicht maßstäblichen Zeigerdiagramms zur Übersicht und reelle Berechnung der Größen.

$$Y = \sqrt{G^2 + B_L^2} ,$$

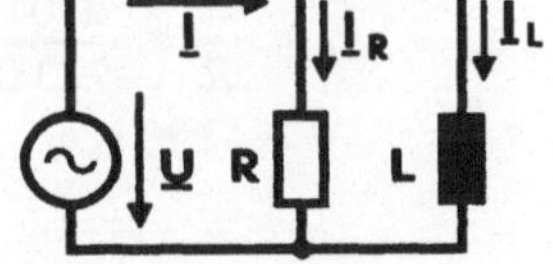

$$G = \frac{1}{R} = \frac{1}{270\,\Omega} = 3{,}704 \cdot 10^{-3}\,S,$$

$$B_L = \frac{1}{X_L} = \frac{1}{94{,}25\,\Omega} , \qquad B_L = 10{,}61\,mS,$$

$$Y = \sqrt{3{,}704^2 + 10{,}61^2}\,mS,$$

$$\underline{Y = 11{,}24\,mS} ,$$

$$Z = \frac{1}{Y} = \frac{1}{11{,}24\,mS} , \qquad \underline{Z = 88{,}97\,\Omega} .$$

$$I_R = \frac{U}{R} = \frac{230\,V}{270\,\Omega} , \qquad \underline{I_R = 0{,}8519\,A} .$$

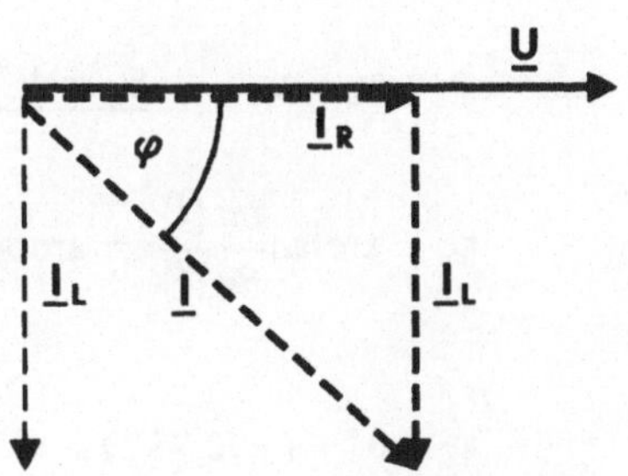

98

$$I_L = \frac{U}{X_L} = \frac{230\,V}{94,25\,\Omega}\,, \qquad \underline{\underline{I_L = 2,440\,A}}\,.$$

$$I = \frac{U}{Z} = \frac{230\,V}{88,97\,\Omega}\,, \qquad \underline{\underline{I = 2,585\,A}}\,,$$

oder alternativ:

$$I = \sqrt{I_R^2 + I_L^2} = \sqrt{0,8519^2 + 2,440^2}\,A\,, \qquad \underline{\underline{I = 2,584\,A}}\,.$$

$$\varphi = \arctan\frac{I_L}{I_R} = \arctan\frac{2,440\,A}{0,8519\,A}\,, \qquad \underline{\underline{\varphi = 70,75\,^\circ}}$$

**Lösungsweg II:** Komplexe Berechnung der Größen.

$$\underline{Y} = G - jB_L\,, \qquad \underline{\underline{\underline{Y} = (3,704 - j\,10,61)\,mS}}\,,$$

$$\underline{Z} = \frac{1}{\underline{Y}} = \frac{1}{(3,704 - j\,10,61)\,mS} = \frac{(3,704 + j\,10,61)\,mS}{(3,704^2 + 10,61^2)\,(mS)^2}\,,$$

$$\underline{\underline{\underline{Z} = (29,33 + j\,84,01)\,\Omega}}\,.$$

$$\underline{I}_R = \frac{U}{R} = \frac{230\,V}{270\,\Omega}\,, \qquad \underline{\underline{\underline{I}_R = 0,8519\,A}}\,.$$

$$\underline{I}_L = \frac{U}{jX_L} = \frac{230\,V}{j\,94,25\,\Omega}\,, \qquad \underline{\underline{\underline{I}_L = -j\,2,44\,A}}\,.$$

$$\underline{I} = \underline{I}_R + \underline{I}_L\,, \qquad \underline{\underline{\underline{I} = (0,8519 - j\,2,440)\,A}}\,.$$

$$\varphi = \varphi_u - \varphi_i\,, \qquad \underline{\underline{\varphi_u = 0\,^\circ}}\,,$$

$$\varphi_i = \arctan\frac{Im\{\underline{I}\}}{Re\{\underline{I}\}} = \arctan\frac{-2,440\,A}{0,8519\,A}\,, \qquad \underline{\underline{\varphi_i = -70,75\,^\circ}}\,,$$

$$\varphi = 0\,^\circ - (-70,75\,^\circ)\,, \qquad \underline{\underline{\varphi = +70,75\,^\circ}}\,.$$

Die Beträge der komplexen Größen lassen sich folgendermaßen berechnen:

$$Z = \sqrt{\left(Re\{\underline{Z}\}\right)^2 + \left(Im\{\underline{Z}\}\right)^2} = \sqrt{29{,}32^2 + 84{,}01^2}\,\Omega\,, \qquad \underline{Z = 88{,}98\,\Omega}\,,$$

$$I_R = \sqrt{\left(Re\{\underline{I}_R\}\right)^2 + \left(Im\{\underline{I}_R\}\right)^2} = \sqrt{0{,}8159^2 + 0^2}\,A\,, \qquad \underline{I_R = 0{,}8159\,A}\,,$$

$$I_L = \sqrt{\left(Re\{\underline{I}_C\}\right)^2 + \left(Im\{\underline{I}_C\}\right)^2} = \sqrt{0^2 + 2{,}440^2}\,A\,, \qquad \underline{I_L = 2{,}440\,A}\,.$$

$$I = \sqrt{\left(Re\{\underline{I}\}\right)^2 + \left(Im\{\underline{I}\}\right)^2} = \sqrt{0{,}8519^2 + 2{,}440^2}\,A\,, \qquad \underline{I = 2{,}584\,A}\,,$$

## 4.4 Serienresonanzkreis

**Gegeben:** U = 24 V, R = 100 Ω, L = 0,3 H, C = 4,7 µF.

### 4.4.1 Gesucht: $\underline{Z}$ = ?.

**Lösungsweg I:** Zeichnen eines nicht maßstäblichen Zeigerdiagramms, daraus Ableiten geometrischer Beziehungen.

$$U = \sqrt{U_R^{\,2} + (U_L - U_C)^2},$$

Nach dem Ohmschen Gesetz gilt:

$$IZ = \sqrt{I^2 R^2 + (IX_L - IX_C)^2},$$

$$Z = \sqrt{R^2 + (X_L - X_C)^2},$$

$$Z = \sqrt{R^2 + \left(\omega L - \frac{1}{\omega C}\right)^2}.$$

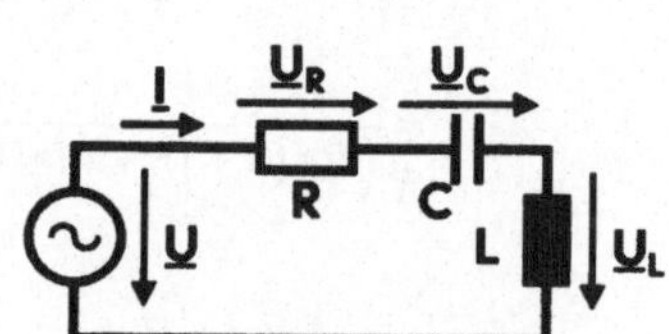


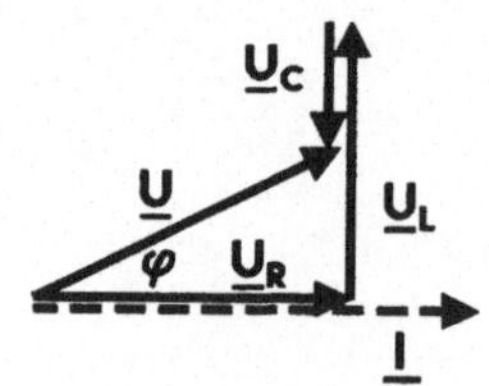


**Lösungsweg II:** Komplexe Berechnung.

$$\underline{Z} = R + jX_L - jX_C, \qquad \underline{Z} = R + j\left(\omega L - \frac{1}{\omega C}\right).$$

Der Betrag von $\underline{Z}$ errechnet sich zu:

$$Z = \sqrt{(Re\{\underline{Z}\})^2 + (Im\{\underline{Z}\})^2},$$

$$Z = \sqrt{R^2 + \left(\omega L - \frac{1}{\omega C}\right)^2}.$$

4.4.2   **Gesucht:**  $f_r = ?$.
**Lösungsweg:** Resonanz bedeutet, daß der Imaginärteil von $\underline{Z}$ zu Null wird. Daraus
ergibt sich die Resonanzbedingung:

$$\omega_r L = \frac{1}{\omega_r C}, \qquad \omega_r = \frac{1}{\sqrt{LC}},$$

$$f_r = \frac{1}{2\pi\sqrt{LC}}.$$

4.4.3   **Gesucht:**  $I = I(f)$.
**Lösungsweg:** Aufstellen einer Wertetabelle für verschiedene Werte von f.

| f/Hz | 10 | 50 | 100 | 130 | 134,5 | 140 | 200 | 1000 |
|---|---|---|---|---|---|---|---|---|
| $X_L/\Omega$ | 18,85 | 94,25 | 188,5 | 245 | 252,6 | 263,9 | 377 | 1885 |
| $X_C/\Omega$ | 3386 | 677,2 | 338,6 | 260,5 | 252,6 | 241,9 | 169,3 | 33,8 |
| $Z/\Omega$ | 3368 | 591,5 | 180,4 | 101,2 | 100 | 102,4 | 230,6 | 1854 |
| I/mA | 7,126 | 40,57 | 133 | 237,2 | 240 | 234,4 | 104 | 12,9 |

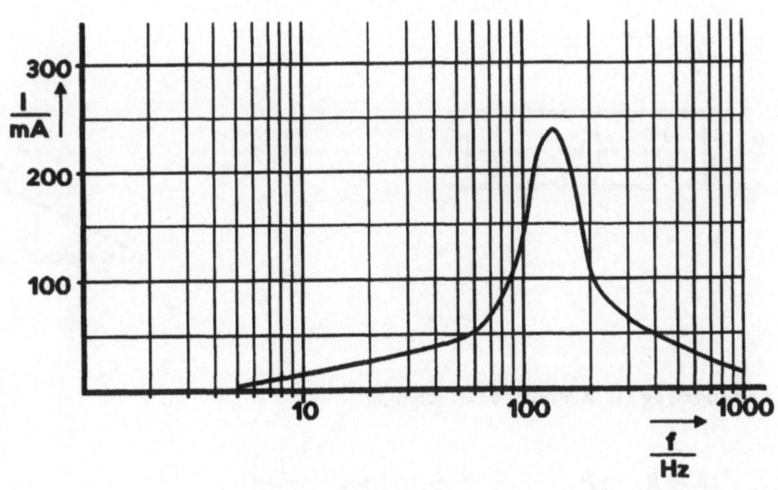

102

**4.4.4**  **Gesucht:** $I = ?$ für $R \to 0$ bei Resonanz ($f = f_r$).

**Lösungsweg:** Bei Resonanz wird der Imaginärteil von $\underline{Z}$ zu Null, der Strom ergibt
sich deshalb zu $I = U/R$.

$$I = \frac{U}{R}, \qquad \underline{I \to \infty} \quad \textit{für } R \to 0.$$

Der reine Serienresonanzkreis ohne Ohmschen Widerstand stellt bei der Resonanzfrequenz einen Kurzschluß dar.

## 4.5  Parallelresonanzkreis

**Gegeben:**  $U = 24$ V, $R = 100\ \Omega$, $L = 0{,}3$ H, $C = 4{,}7\ \mu$F.

**4.5.1**  **Gesucht:** $\underline{Y} = ?$.

**Lösungsweg I:**  Zeichnen eines nicht maßstäblichen Zeigerdiagramms, daraus
Ableiten geometrischer Beziehungen.

$$I = \sqrt{I_R^2 + (I_C - I_L)^2},$$

Nach dem Ohmschen Gesetz gilt:

$$UY = \sqrt{U^2 G^2 + (UB_C - UB_L)^2},$$

$$Y = \sqrt{G^2 + (B_C - B_L)^2},$$

$$Y = \sqrt{\left(\frac{1}{R}\right)^2 + \left(\omega C - \frac{1}{\omega L}\right)^2}.$$

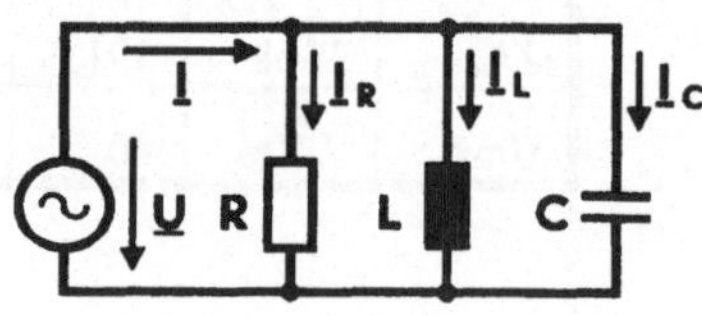


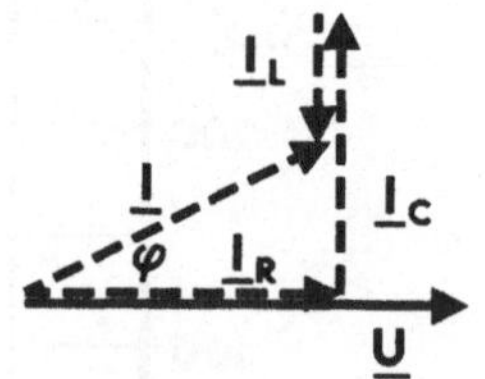


**Lösungsweg II:**  Komplexe Berechnung.

$$\underline{Y} = G + j B_C - j B_L, \qquad \underline{Y} = \frac{1}{R} + j\left(\omega C - \frac{1}{\omega L}\right).$$

Der Betrag von $\underline{Y}$ errechnet sich zu:

$$Y = \sqrt{(Re\{\underline{Y}\})^2 + (Im\{\underline{Y}\})^2}, \qquad Y = \sqrt{\left(\frac{1}{R}\right)^2 + \left(\omega C - \frac{1}{\omega L}\right)^2}.$$

**4.5.2**  **Gesucht:**  $f_r = ?$.

**Lösungsweg:** Resonanz bedeutet, daß der Imaginärteil von $\underline{Y}$ zu Null wird. Daraus ergibt sich die Resonanzbedingung:

$$\omega_r C = \frac{1}{\omega_r L}, \qquad \omega_r = \frac{1}{\sqrt{LC}}, \qquad f_r = \frac{1}{2\pi\sqrt{LC}}.$$

**4.5.3**  **Gesucht:**  $I = I(f)$.

**Lösungsweg:** Aufstellen einer Wertetabelle für verschiedene Werte von f.

| f/Hz | 10 | 50 | 100 | 130 | 134,5 | 140 | 200 | 1000 |
|---|---|---|---|---|---|---|---|---|
| $B_C$/mS | 0,295 | 1,476 | 2,953 | 3,893 | 3,959 | 4,134 | 5,906 | 29,53 |
| $B_L$/mS | 53,05 | 10,61 | 5,305 | 4,081 | 3,959 | 3,789 | 2,653 | 0,531 |
| Y/mS | 53,64 | 13,54 | 10,27 | 10,01 | 10,00 | 10,01 | 10,53 | 30,67 |
| I/mA | 1287 | 325 | 246,5 | 240,1 | 240,0 | 240,1 | 252,7 | 736,1 |

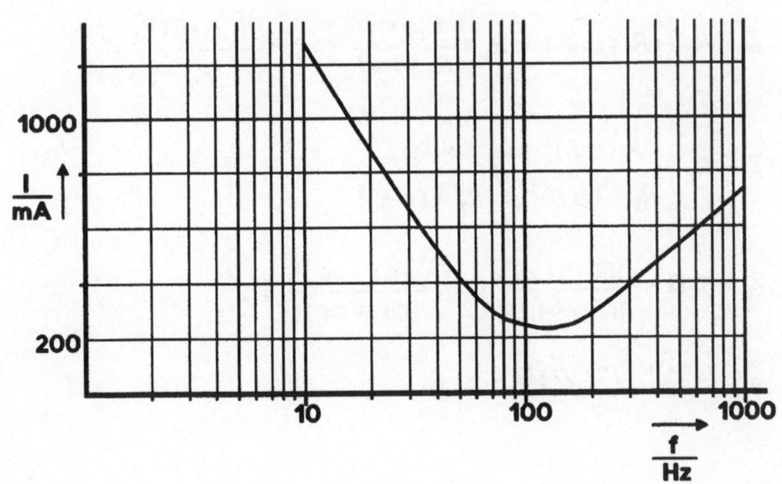

**4.5.4**    **Gesucht:**   $I = ?$ für $R \to \infty$ bei Resonanz ($f = f_r$).
        **Lösungsweg:** Bei Resonanz wird der Imaginärteil von $\underline{Y}$ zu Null, der Strom ergibt
        sich deshalb zu $I = UG$.

$$I = \frac{U}{R}, \qquad \underline{\underline{I \to 0}} \quad für \ R \to \infty \ .$$

Der ideale Parallelresonanzkreis ohne Widerstand entnimmt bei Resonanzfrequenz
der Quelle keinen Strom.

**4.6**     **Leistung, Strom und Spannung in zusammengesetzten Schaltungen**

        **Gegeben:**   $R_1 = 68 \ \Omega$, $R_2 = 180 \ \Omega$, $L = 0,3$ H, $U = 230$ V, $f = 50$ Hz,
                $I = 1,772$ A, $\varphi_{UI} = 34,70°$.
                Daraus folgt: $X_L = \omega L = 94,25 \ \Omega$.

**4.6.1**    **Gesucht:**   $S = ?$, $P = ?$, $Q = ?$.
        **Lösungsweg:** Anwendung der Formeln 4.8, 4.9, 4.10.

$$S = UI = 230V \cdot 1,772A, \qquad \underline{\underline{S = 407,6 \ VA}} \ .$$

$$P = UI\cos\varphi = 230V \cdot 1,772A \cdot \cos(34,7°), \qquad \underline{\underline{P = 335,1 \ W}} \ .$$

$$Q = UI\sin\varphi = 230V \cdot 1,772A \cdot \sin(34,7°), \qquad \underline{\underline{Q = 232,0 \ var}} \ .$$

**4.6.2**    **Gesucht:**   $\underline{Z} = ?$

$$\underline{Z} = R_1 + (R_2 \| j\omega L) = R_1 + \frac{R_2 \, j\omega L}{R_2 + j\omega L} = R_1 + \frac{R_2 \, j\omega L (R_2 - j\omega L)}{R_2^2 + (\omega L)^2} ,$$

$$\underline{Z} = R_1 + \frac{R_2 (\omega L)^2}{R_2^2 + (\omega L)^2} + j \frac{R_2^2 \, \omega L}{R_2^2 + (\omega L)^2} ,$$

$$\underline{Z} = 68\Omega + \frac{180 \cdot 94,25^2}{180^2 + 94,25^2} \Omega + j \frac{180^2 \cdot 94,25}{180^2 + 94,25^2} \Omega ,$$

$$\underline{\underline{Z} = (106,7 + j \, 73,97) \, \Omega} \ .$$

$$Z = \sqrt{\left(Re\{\underline{Z}\}\right)^2 + \left(Im\{\underline{Z}\}\right)^2} = \sqrt{106,7^2 + 73,97^2}\,\Omega\,, \qquad \underline{Z = 129,8\,\Omega}\,,$$

Probe:

$$Z = \frac{U}{I} = \frac{230\,V}{1,772\,A}\,, \qquad \underline{Z = 129,8\,\Omega}\,.$$

**4.6.3   Gesucht:** Alle Spannungen und Ströme.
**Lösungsweg I:**
Sind in einer Schaltung die Werte aller Bauteile und die Klemmenspannung bekannt, läßt sich ein Zeigerdiagramm viel leichter zeichnen, wenn man mit einer Spannung oder einem Strom im Inneren der Schaltung beginnt. Da hier - wie in vielen ähnlich gelagerten Fällen - nur die Spannung und der Strom an den Klemmen der Schaltung bekannt sind, nimmt man für eine Größe im Inneren der Schaltung (in diesem Beispiel für $U_L$) einen beliebigen Wert (hier $U_L' = 100$ V) an. Mit diesem Wert beginnend ermittelt man schrittweise das Zeigerdiagramm, bis man schließlich die Klemmenspannung (hier $U'$) erhält. Ein Vergleich mit der tatsächlich gegeben Spannung U liefert einen Korrekturfaktor $k = U/U'$. Da das Netzwerk nur lineare Bauelemente enthält, kann man die wahren Werte aller Spannungen und Ströme dadurch erhalten, daß man alle im Zeigerdiagramm dargestellten Werte mit dem Korrekturfaktor k multipliziert.

Annahme: $U_L' = 100$ V.

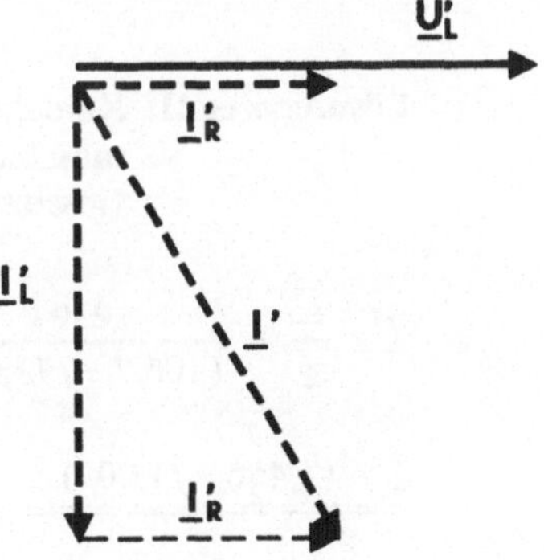


$$I_R' = \frac{U_L'}{R_2} = \frac{100\,V}{180\,\Omega}\,, \qquad \underline{I_R' = 0,556\,A}\,.$$

$$I_L' = \frac{U_L'}{X_L} = \frac{100\,V}{94,25\,\Omega}\,, \qquad \underline{I_L' = 1,061\,A}\,.$$

$$I' = \sqrt{I_R'^2 + I_L'^2} = \sqrt{0,556^2 + 1,061^2}\,A\,,$$

$$\underline{I' = 1,198\,A}\,.$$

$$U_{R1}' = I'R_1 = 1,198\,A \cdot 68\,\Omega\,,$$

$$\underline{U_{R1}' = 81,46\,V}\,.$$

Aus dem Zeigerdiagramm entnimmt man:

$$U' \approx 160\,V\,.$$

$$k = \frac{U}{U'} = \frac{230\,V}{160\,V}, \qquad k = 1,438\,.$$

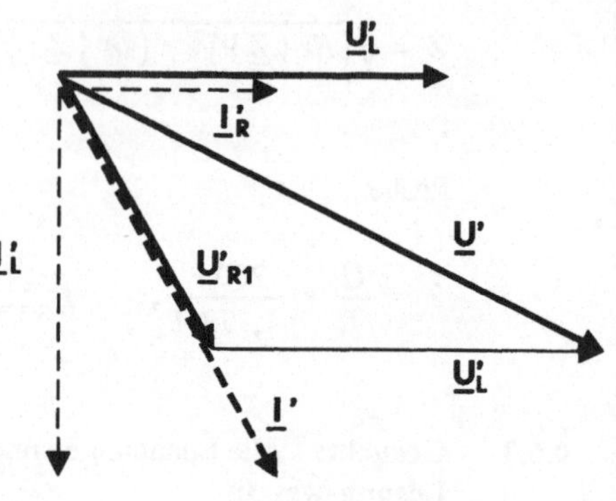



$$U_L = U'_L\,k = 100\,V \cdot 1,438\,, \qquad U_L = 143,8\,V\,,$$

$$I_R = I'_R\,k = 0,556\,A \cdot 1,438\,, \qquad I_R = 0,7995\,A\,,$$

$$I_L = I'_L\,k = 1,061\,A \cdot 1,438\,, \qquad I_L = 1,526\,A\,,$$

$$I = I'\,k = 1,198\,A \cdot 1,438\,, \qquad I = 1,723\,A\,,$$

$$U_{R1} = U'_{R1}\,k = 81,46\,V \cdot 1,438\,, \qquad U_{R1} = 117,1\,V\,.$$

**Lösungsweg II:** Komplexe Rechnung, hierbei kann man an den Klemmen der Schaltung beginnen, indem man zuerst die bereits unter 4.6.2 berechnete Gesamtimpedanz $\underline{Z}$ der Schaltung in Formel 4.3 einsetzt.

$$\underline{I} = \frac{U}{\underline{Z}} = \frac{230\,V}{(106,7 + j\,73,97)\,\Omega} = \frac{230\,V\,(106,7 - j\,73,97)\,\Omega}{(106,7^2 + 73,97^2)\,\Omega^2}\,,$$

$$\underline{I} = (1,456 - j\,1,009)\,A\,.$$

Probe: Der Betrag dieses komplexen Stromzeigers muß mit der gegeben Stromstärke übereinstimmen:

$$I = \sqrt{\left(Re\{\underline{I}\}\right)^2 + \left(Im\{\underline{I}\}\right)^2} = \sqrt{1,456^2 + 1,009^2}\,A\,, \qquad \underline{I = 1,771\,A}\,,$$

$$\underline{U}_{R1} = \underline{I}\,R_1 = (1,456 - j1,009)A \cdot 68\Omega\,,$$

$$\underline{U}_{R1} = (99,01 - j68,61)V\,.$$

$$\underline{U}_L = \underline{U} - \underline{U}_{R1} = 230V - (99,01 - j68,61)V\,, \qquad \underline{U}_L = (131,0 + j68,61)V\,.$$

$$\underline{I}_R = \frac{\underline{U}_L}{R_2} = \frac{(131 + j68,61)V}{180\,\Omega}\,, \qquad \underline{I}_R = (0,7278 + j0,3812)A\,.$$

$$\underline{I}_L = \frac{\underline{U}_L}{j\omega L} = \frac{-j(131 + j68,61)V}{94,25\,\Omega}\,, \qquad \underline{I}_L = (0,7280 - j1,390)A\,.$$

## 4.7 Zusammengesetzte Schaltung

**Gegeben:** R = 1 kΩ, $\omega L_1$ = 2 kΩ, $\omega L_2$ = 0,75 kΩ, $1/\omega C_1$ = 1 kΩ, $1/\omega C_2$ = 1,235 kΩ.

**4.7.1** **Gegeben:** P = 16 mW.
**Gesucht:** Zeigerdiagramm mit allen Spannungen und Strömen.
**Lösungsweg:** Da R das einzige Element in der Schaltung ist, das Wirkleistung umsetzt, muß die gesamte Wirkleistung P = 16 mW in R verbraucht werden. Daraus kann man den Strom $\underline{I}_3$ (Formel 4.9) und die Spannung $\underline{U}_6$ (Formel 4.3) berechnen, die Zeiger zeichnen und dann schrittweise die anderen Größen nach Betrag und Phase ermitteln.

$$P = I_3^2\,R\,,$$

$$I_3 = \sqrt{\frac{P}{R}} = \sqrt{\frac{16\,mW}{1\,k\Omega}}\,,$$

$$\underline{I_3 = 4\,mA}\,.$$

108

$$U_6 = I_3\,R = 4\,mA \cdot 1\,k\Omega,$$

$$\underline{U_6 = 4\,V}.$$

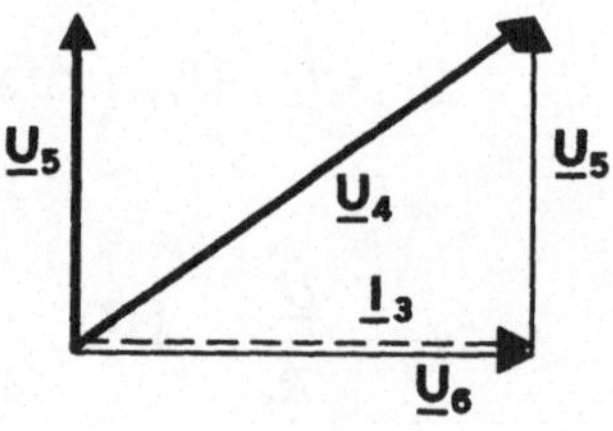

$I_3$ und $\underline{U}_6$ sind phasengleich; da der Strom $I_3$ auch durch $L_2$ fließt, kann man den Betrag der Spannung $\underline{U}_5$ berechnen ($\underline{U}_5$ eilt dem Strom $I_3$ um $\pi/2$ voraus):

$$U_5 = I_3\,\omega L_2 = 4\,mA \cdot 0{,}75\,k\Omega,$$

$$\underline{U_5 = 3\,V}.$$

Die Spannungszeiger $\underline{U}_6$ und $\underline{U}_5$ kann man grafisch addieren:

$$\underline{U}_4 = \underline{U}_6 + \underline{U}_5.$$

Man kann dann aus dem Zeigerdiagramm ablesen:

$$\underline{U_4 = 5V}.$$

Da die Spannung $\underline{U}_4$ an $C_2$ anliegt, läßt sich der Betrag des Stromes $I_2$ berechnen (dieser Strom eilt der Spannung $\underline{U}_4$ um $\pi/2$ vor):

$$I_2 = \frac{U_4}{X_{C2}} = \frac{5\,V}{1{,}236\,k\Omega},$$

$$\underline{I_2 = 4\,mA},$$

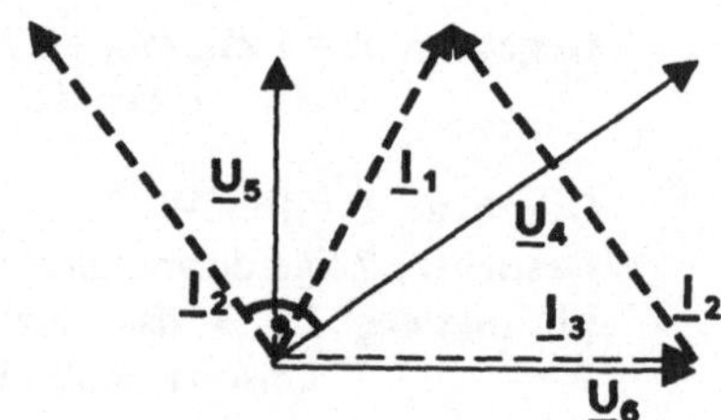

Den Strom $I_1$ gewinnt man wieder durch Addition der beiden Zeiger $I_2$ und $I_3$:

$$\underline{I}_1 = \underline{I}_2 + \underline{I}_3,$$

wobei man aus dem Zeigerdiagramm abliest:

$$\underline{I_1 = 3{,}6\,mA}.$$

Der auf diese Weise ermittelte Strom $\underline{I}_1$ erlaubt nun die Berechnung der Beträge von $\underline{U}_2$ und $\underline{U}_3$ (dabei eilt $\underline{U}_2$ dem Strom $\underline{I}_1$ um $\pi/2$ vor, während $\underline{U}_3$ um $\pi/2$ nacheilt):

$$U_3 = I_1 \cdot \frac{1}{\omega C_1} = 3{,}6\,mA \cdot 1\,k\Omega\,, \qquad \underline{U_3 = 3{,}6\,V}\,.$$

$$U_2 = I_1 \cdot \omega L_1 = 3{,}6\,mA \cdot 2\,k\Omega\,, \qquad \underline{U_2 = 7{,}2\,V}\,.$$

Den Spannungszeiger $\underline{U}_1$ erhält man durch grafische Addition der Zeiger $\underline{U}_2$, $\underline{U}_3$ und $\underline{U}_4$.

$$\underline{U}_1 = \underline{U}_2 + \underline{U}_3 + \underline{U}_4\,.$$

Aus dem Diagramm liest man folgenden Wert für $U_1$ ab:

$$\underline{U_1 = 4{,}7\,V}\,.$$

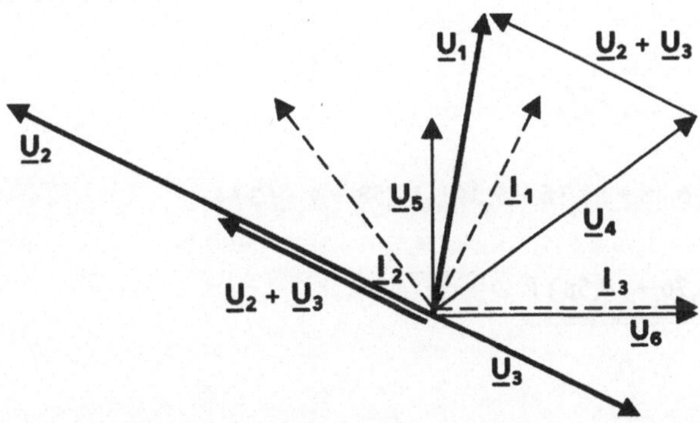


4.7.2   **Gesucht:**  Komplexe Berechnung der Schaltung.
**Lösungsweg:** Die in 4.7.1 berechneten Beträge von $\underline{U}_6$ und $\underline{I}_3$ werden als komplexe Zeiger betrachtet, wobei man sinnvollerweise die beiden Zeiger als in der reellen Achse liegend annimmt. Die weiteren Schritte folgen in derselben Reihenfolge wie in 4.7.1, mit dem Unterschied, daß nun komplex gerechnet wird.

$$\underline{I}_3 = 4\,mA\,, \qquad \underline{U}_6 = 4\,V\,,$$

$$\underline{U}_5 = \underline{I}_3\,j\omega L = 4\,mA \cdot j\,0{,}75\,k\Omega\,, \qquad \underline{U_5 = j\,3\,V}\,.$$

$$\underline{U}_4 = \underline{U}_5 + \underline{U}_6 = 4\,V + j\,3\,V, \qquad \underline{U}_4 = (4 + j\,3)\,V.$$

$$\underline{I}_2 = \frac{\underline{U}_4}{1/(j\,\omega\,C_2)} = \frac{j\,(4 + j\,3)\,V}{1,236\,k\Omega}, \qquad \underline{I}_2 = (-2,42 + j\,3,24)\,mA.$$

$$\underline{I}_1 = \underline{I}_2 + \underline{I}_3 = (-2,42 + j\,3,24 + 4)\,mA, \qquad \underline{I}_1 = (1,58 + j\,3,24)\,mA.$$

$$\underline{U}_3 = \underline{I}_1 \cdot \frac{1}{j\,\omega\,C_1} = (1,58 + j\,3,24)\,mA \cdot (-j\,1\,k\Omega),$$

$$\underline{U}_3 = (3,24 - j\,1,58)\,V.$$

$$\underline{U}_2 = \underline{I}_1 \cdot j\,\omega\,L_1 = (1,58 + j\,3,24)\,mA \cdot (j\,2\,k\Omega), \qquad \underline{U}_2 = (-6,48 + j\,3,16)\,V.$$

$$\underline{U}_1 = \underline{U}_2 + \underline{U}_3 + \underline{U}_4.$$

$$\underline{U}_1 = (-6,48 + j\,3,16 + 3,24 - j\,1,58 + 4 + j\,3)\,V,$$

$$\underline{U}_1 = (0,76 + j\,4,58)\,V.$$

**4.7.3**  **Gesucht:**  $Z = ?$ (aus Zeigerdiagramm und komplex).
**Lösungsweg:**
a) Aus Zeigerdiagramm: man mißt die Längen der beiden Zeiger $\underline{U}_1$ und $\underline{I}_1$ ab und dividiert den Betrag von $\underline{U}_1$ durch den Betrag von $\underline{I}_1$.
b) Komplex: Man berechnet den Betrag des komplexen Zeigers $\underline{Z}$.

zu a) Aus dem Zeigerdiagramm unter 4.7.1 entnimmt man die Beträge: $U_1 = 4{,}7$ V, $I_1 = 3{,}6$ mA.

$$Z = \frac{U_1}{I_1} = \frac{4{,}7\,V}{3{,}6\,mA}, \qquad Z = 1{,}31\,k\Omega.$$

zu b) Gemäß den Ergebnissen aus 4.7.2 gilt:

$$\underline{Z} = \frac{\underline{U}_1}{\underline{I}_1} = \frac{(0{,}76 + j\,4{,}58)\,V}{(1{,}58 + j\,3{,}24)\,mA} = \frac{(0{,}76 + j\,4{,}58)\cdot(1{,}58 - j\,3{,}24)}{1{,}58^2 + 3{,}24^2}\,k\Omega\,,$$

$$\underline{Z} = (1{,}234 + j\,0{,}3674)\,k\Omega\,.$$

$$Z = \sqrt{\left(Re\{\underline{Z}\}\right)^2 + \left(Im\{\underline{Z}\}\right)^2} = \sqrt{1{,}234^2 + 0{,}3674^2}\,k\Omega\,, \qquad \underline{Z = 1{,}2875\,k\Omega}\,,$$

## 4.8 Widerstand mit Wicklungsinduktivität

**Gegeben:** U = 230 V, f = 50 Hz, P = 40 W, I = 0,175 A.

### 4.8.1 Gesucht: S = ?.
**Lösungsweg:** Anwenden von Formel 4.8.

$$S = U\,I = 230\,V\cdot 0{,}175\,A\,, \qquad \underline{S = 40{,}25\,VA}\,.$$

### 4.8.2 Gesucht: cos φ = ?.
**Lösungsweg:** Anwenden von Formel 4.8 und 4.9.

$$\cos\varphi = \frac{P}{S} = \frac{40\,W}{40{,}25\,VA}\,, \qquad \underline{\cos\varphi = 0{,}9938}\,.$$

### 4.8.3 Gesucht: R = ?, L = ?.
**Lösungsweg:** a) Berechnen des Widerstandes R aus der Wirkleistung P mit Hilfe der Formel 4.9.

b) Berechnen der Induktivität L aus der Blindleistung Q mit Formel 4.10 oder aus der Gesamtimpedanz Z mit Formel 4.4.

zu a)

$$R = \frac{P}{I^2} = \frac{40\,W}{0{,}175^2\,A^2}\,, \qquad \underline{R = 1306\,\Omega}\,.$$

zu b)

$$X_L = \frac{Q}{I^2} = \frac{S \sin\varphi}{I^2} = \frac{40{,}25\,VA \cdot 0{,}1112}{0{,}175^2\,A^2}, \qquad \underline{X_L = 146{,}1\,\Omega},$$

$$L = \frac{X_L}{\omega} = \frac{146{,}1\,\Omega}{2\,\pi \cdot 50\,s^{-1}}, \qquad \underline{L = 0{,}4651\,H}.$$

oder:

$$Z = \frac{U}{I} = \frac{230\,V}{0{,}175\,A}, \qquad \underline{Z = 1314\,\Omega},$$

$$\underline{Z} = R + j\,X_L,$$

$$X_L = \sqrt{Z^2 - R^2} = \sqrt{(1314^2 - 1306^2)}\,\Omega, \qquad \underline{X_L = 144{,}8\,\Omega},$$

$$L = \frac{X_L}{\omega} = \frac{144{,}8\,\Omega}{2\,\pi \cdot 50\,s^{-1}}, \qquad \underline{L = 0{,}4609\,H}.$$

Die geringfügigen Abweichungen beider Lösungsmethoden ergeben sich durch Rundungsfehler.


**4.8.4**  **Gesucht:**  C = ? für Blindleistungskompensation.

**Lösungsweg:** Für die Kompensation muß die Blindleistung am Kondensator $Q_C$ genauso groß wie die Blindleistung an der Spule $Q_L$ sein. Daraus läßt sich mit Formel 4.5 und 4.10 die Größe des Kondensators C berechnen.

$$Q_C = Q_L = 4{,}475\,var,$$

$$C = \frac{Q_C}{U^2\,\omega} = \frac{4{,}475\,VA}{230^2\,V^2 \cdot 2\,\pi \cdot 50\,s^{-1}},$$

$$\underline{C = 0{,}2669\,\mu F}.$$

Der Kondensator muß parallel zum Widerstand geschaltet werden, weil er dadurch die Spannung am Widerstand nicht verändert. In Reihenschaltung würde sein kapazitiver Blindwiderstand den induktiven Blindwiderstand des Widerstandes teilweise kompensieren. Dadurch würden sich Strom- und Leistungsaufnahme des Widerstandes ändern.

## 4.9 Zusammengesetzte Wechselstromschaltung

**Gegeben:** $R_1 = 270\ \Omega$, $R_2 = 100\ \Omega$, $C = 4,7\ \mu F$, $L = 0,4\ H$, $U_1 = 230\ V$,
$f = 50\ Hz$.
Daraus folgt: $X_C = 1/\omega C = 677,3\ \Omega$, $X_L = \omega L = 125,7\ \Omega$.

**4.9.1 Gesucht:** Alle Spannungen und Ströme.

**Lösungsweg I:** Will man die komplexe Rechnung vermeiden, ist es - wie in Aufgabe 4.6 - günstig, nicht an den Klemmen, sondern im Inneren der Schaltung mit der Lösung zu beginnen. Dazu wird eine Größe (hier $I_2'$ ) willkürlich angenommen und darauf aufbauend das Zeigerdiagramm schrittweise entwickelt. Ein Vergleich der Spannung $U'$ mit der gegebenen Spannung $U$ liefert einen Korrekturfaktor $k = U/U'$, mit dem man alle Größen des Zeigerdiagramms multiplizieren muß, um die tatsächlichen Werte zu erhalten.

Angenommen:

$$I_2' = 0,3\ A.$$

$$U_2' = I_2' R = 0,3\ A \cdot 270\ \Omega,$$

$$\underline{U_2' = 81,00\ V},$$

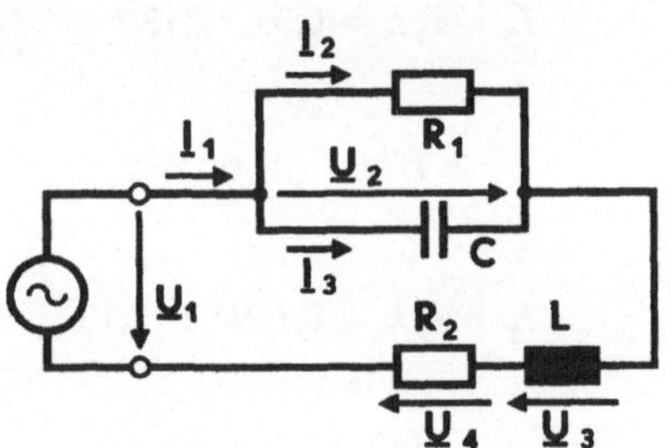


Am Kondensator eilt der Strom $I_3'$ der Spannung $\underline{U}_2'$ um $\pi/2$ voraus.

$$I_3' = \frac{U_2'}{X_C} = \frac{81,00\ V}{677,3\ \Omega}, \qquad \underline{I_3' = 0,1196\ A},$$

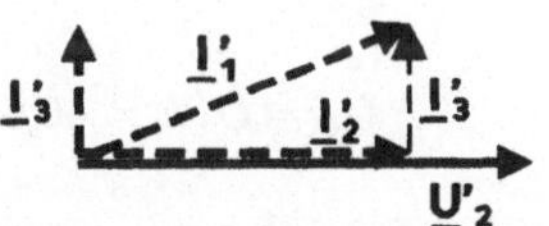


$$I_1' = \sqrt{I_2'^2 + I_3'^2} = \sqrt{0,3^2 + 0,1196^2}\ A, \qquad \underline{I_1' = 0,3230\ A},$$

$$U_4' = I_1' R_2 = 0,3230\ A \cdot 100\ \Omega,$$

$$\underline{U_4' = 32,30\ V},$$

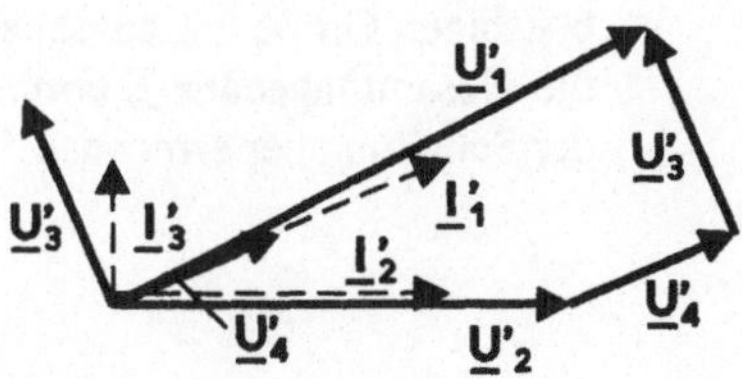


$$U_3' = I_1' X_L = 0,3230\ A \cdot 125,7\ \Omega,$$

$$\underline{U_3' = 40,60\ V},$$

114

Die Spannung $\underline{U}_4'$ am Widerstand $R_2$ liegt in Phase zum Strom $\underline{I}_1'$, die Spannung $\underline{U}_3'$ an der Spule L eilt dem Strom $\underline{I}_1'$ um $\pi/2$ voraus.

Aus dem Zeigerdiagramm kann man ablesen:

$$U_1' = 108\,V,$$

damit wird der Korrekturfaktor zu

$$k = \frac{U_1}{U_1'} = \frac{230\,V}{108\,V}, \qquad k = 2{,}130\,.$$

Mit diesem Korrekturfaktor werden die korrekten Werte berechnet:

$$I_2 = I_2'\,k = 0{,}3\,A \cdot 2{,}13\,, \qquad I_2 = 0{,}639\,A\,,$$

$$U_2 = U_2'\,k = 81{,}00\,V \cdot 2{,}13\,, \qquad U_2 = 172{,}5\,V\,,$$

$$I_3 = I_3'\,k = 0{,}1196\,A \cdot 2{,}13\,, \qquad I_3 = 0{,}2547\,A\,,$$

$$I_1 = I_1'\,k = 0{,}3230\,A \cdot 2{,}13\,, \qquad I_1 = 0{,}6880\,A\,,$$

$$U_4 = U_4'\,k = 32{,}30\,V \cdot 2{,}13\,, \qquad U_4 = 68{,}80\,V\,,$$

$$U_3 = U_3'\,k = 40{,}60\,V \cdot 2{,}13\,, \qquad U_3 = 86{,}48\,V\,,$$

**Lösungsweg II:  Komplexe Rechnung**

Bei der komplexen Rechnung muß man diesen Umweg über die Annahme einer beliebigen Größe mit anschließender Korrektur nicht gehen, sondern man kann sofort die Gesamtimpedanz $\underline{Z}$ ermitteln und dann die Werte stufenweise von den Klemmen der Schaltung her errechnen.

$$\underline{Z} = R_2 + jX_L + (R_1 \parallel -jX_C),$$

$$\underline{Z} = R_2 + jX_L + \frac{R_1(-jX_C)}{R_1 - jX_C} = R_2 + jX_L + \frac{-jX_C R_1 (R_1 + jX_C)}{R_1^2 + X_C^2},$$

$$\underline{Z} = R_2 + \frac{R_1 X_C^2}{R_1^2 + X_C^2} + j\left( X_L - \frac{R_1^2 X_C}{R_1^2 + X_C^2} \right),$$

$$\underline{Z} = 100\Omega + \frac{270 \cdot 677{,}3^2}{270^2 + 677{,}3^2}\,\Omega + j\left( 125{,}7 - \frac{270^2 \cdot 677{,}3}{270^2 + 677{,}3^2} \right)\Omega,$$

$$\underline{Z} = (333{,}0 + j\,32{,}83)\,\Omega.$$

$$\underline{I}_1 = \frac{U}{\underline{Z}} = \frac{230V}{(333{,}0 + j\,32{,}83)\Omega} = \frac{230V(333{,}0 - j\,32{,}83)\Omega}{(333{,}0^2 + 32{,}83^2)\Omega^2},$$

$$\underline{I}_1 = (0{,}6840 - j\,0{,}06744)\,A.$$

$$\underline{U}_4 = \underline{I}_1 R_2 = (0{,}6840 - j\,0{,}06744)A \cdot 100\Omega, \qquad \underline{U}_4 = (68{,}40 - j\,6{,}744)\,V.$$

$$\underline{U}_3 = \underline{I}_1 jX_L = (0{,}6840 - j\,0{,}06744)A \cdot j\,125{,}7\Omega,$$

$$\underline{U}_3 = (8{,}477 + j\,85{,}98)\,V.$$

$$\underline{U}_2 = \underline{U}_1 - \underline{U}_3 - \underline{U}_4 = (230 - 8{,}477 - j\,85{,}98 - 68{,}40 + j\,6{,}774)\,V,$$

$$\underline{U}_2 = (153{,}1 - j\,79{,}21)\,V.$$

$$\underline{I}_2 = \frac{U_2}{R_1} = \frac{(153{,}1 - j\,79{,}24)V}{270\Omega}, \qquad \underline{I}_2 = (0{,}5670 - j\,0{,}2935)\,A.$$

$$\underline{I}_3 = \frac{U_2}{-jX_C} = \frac{j(153{,}1 - j\,79{,}24)V}{677{,}3\Omega}, \qquad \underline{I}_3 = (0{,}1170 + j\,0{,}2260)\,A.$$

**4.9.2**  **Gesucht:**  $S = ?, P = ?, Q = ?.$
**Lösungsweg:** Berechnen des $\cos \varphi$ aus der Gesamtimpedanz $\underline{Z}$ und Anwenden der
Formeln 4.8, 4.9, 4.10.

$$\varphi = \arctan \frac{Im\{\underline{I}\}}{Re\{\underline{I}\}} = \arctan \frac{0{,}06744\,A}{0{,}6840\,A} \qquad \underline{\varphi = 5{,}631°}\,,$$

oder

$$\varphi = \arctan \frac{Im\{\underline{Z}\}}{Re\{\underline{Z}\}} = \arctan \frac{32{,}83\,\Omega}{333{,}0\,\Omega} \qquad \underline{\varphi = 5{,}631°}\,,$$

$$\cos\varphi = \cos(5{,}631°)\,, \qquad \underline{\cos\varphi = 0{,}9952}\,,$$

$$S = U_1 I_1 = U_1 \sqrt{\left(Re\{\underline{I}_1\}\right)^2 + \left(Im\{\underline{I}_1\}\right)^2} = 230\,V \cdot \sqrt{0{,}6840^2 + 0{,}06744^2}\,A\,,$$

$$\underline{\underline{S = 158{,}1\,VA}}\,,$$

$$P = S\cos\varphi = 158{,}1\,VA \cdot 0{,}9952\,, \qquad \underline{\underline{P = 157{,}3\,W}}\,,$$

$$Q = \sqrt{S^2 - P^2} = \sqrt{158{,}1^2 - 157{,}3^2}\,VA\,, \qquad \underline{\underline{Q = 15{,}88\,Var}}\,.$$

## 4.10    Drosselspule

**Gegeben:**  $U_0 = 100\ \text{V}, I_0 = 4\ \text{A}, U = 230\ \text{V}, f = 50\ \text{Hz}, I = 10\ \text{A}.$

**4.10.1**  **Gesucht:**  $R_V = ?, L = ?.$

**Lösungsweg:**
a) Bei Gleichspannung hat die Induktivität L der Drosselspule keinen Einfluß auf den
Strom $I_0$. Es gilt: $I_0 = U_0/R$.
b) Bei Wechselspannung wirkt die Gesamtimpedanz Z. Diese kann man aus den
Formeln 4.5 und 4.15 berechnen. Formel 4.4 liefert aus dem so gefundenen $X_L$ den
Wert für L.

zu a)

$$R = \frac{U_0}{I_0} = \frac{100\,V}{4\,A}, \qquad \underline{R = 25\,\Omega}\,.$$

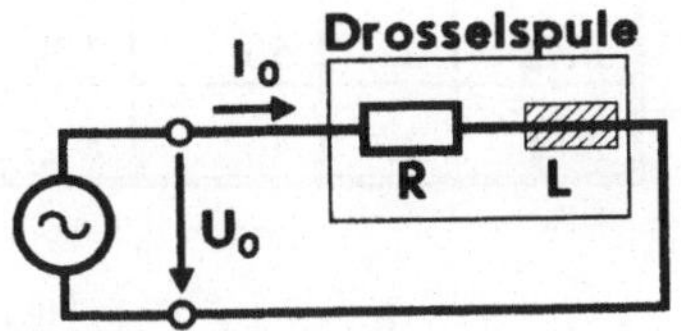


zu b)

$$Z = \frac{U}{I} = \frac{230\,V}{5\,A}, \qquad \underline{Z = 46\,\Omega}\,,$$

$$\underline{Z} = R + j\,X_L\,,$$

$$X_L = \sqrt{Z^2 - R^2} = \sqrt{46^2 - 25^2}\,\Omega\,,$$

$$\underline{X_L = 38{,}61\,\Omega}\,,$$

$$L = \frac{X_L}{\omega} = \frac{38{,}61\,\Omega}{2\,\pi \cdot 50\,s^{-1}}, \qquad \underline{L = 122{,}9\,mH}\,.$$

**4.10.2  Gesucht:**  $Z = Z(f)$.
**Lösungsweg:** Anwenden der Formeln 4.15 und 4.4 und Aufstellen der Wertetabelle.

$$\underline{Z} = R + j\,\omega L = R + j\,2\pi f L = 25\,\Omega + j\,2\pi f \cdot 0{,}1229\,H\,,$$

$$Z = \sqrt{\left(Re\{\underline{Z}\}\right)^2 + \left(Im\{\underline{Z}\}\right)^2}\,,$$

$$Z = \sqrt{25^2\,\Omega^2 + 4\,\pi^2 \cdot 0{,}1229^2 \left(\frac{Vs}{A}\right)^2 \cdot f^2}\,.$$

| f/Hz | 0 | 50 | 100 | 150 | 200 | 250 | 300 | 350 | 400 |
|------|-----|------|-------|-------|-------|-------|-------|-------|-------|
| Z/Ω  | 25  | 46,0 | 81,17 | 118,5 | 156,5 | 194,7 | 233,0 | 271,4 | 309,9 |

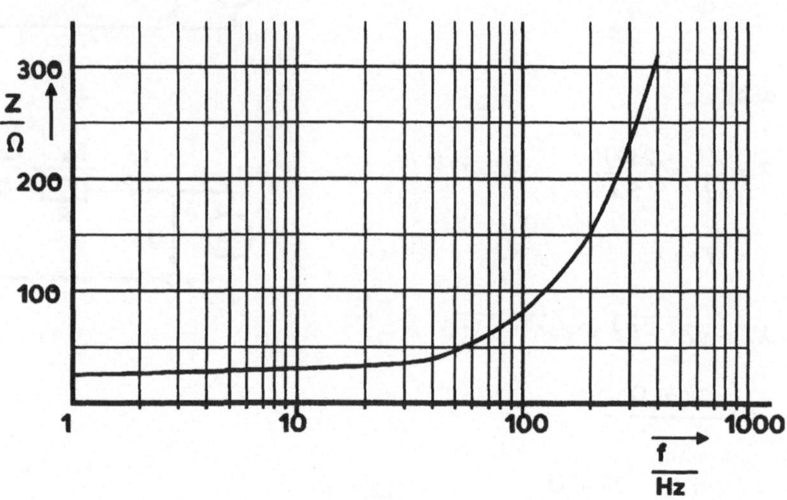


## Technische Anwendungen

### 4.11 Isolationsprüfung

**Gegeben:** $U = 5\ kV$.

**Gesucht:** $U_G = ?$.

**Lösungsweg:** Die Gleichspannung muß dem Scheitelwert der Wechselspannung entsprechen. Berechnung des Scheitelwertes der Wechselspannung mit Formel 1.3.

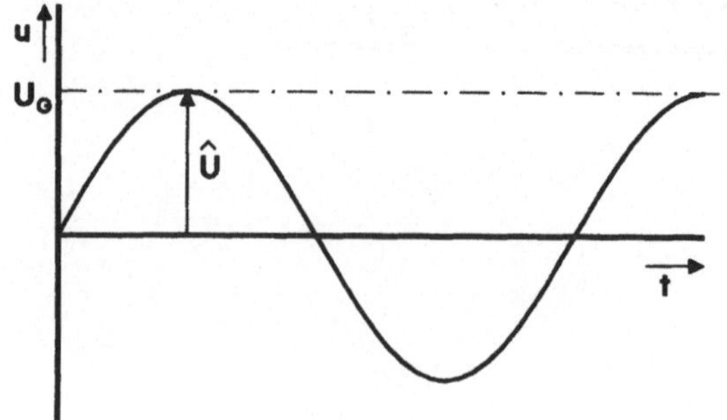


$$U_G = \sqrt{2}\,U = \sqrt{2} \cdot 5\,kV, \qquad \underline{\underline{U_G = 7{,}071\,kV}}.$$

**4.12    Entstördrossel für Dimmer**

**Gegeben:**  $P_0 = 300$ W, $U = 230$ V, $L = 60$ mH, $f = 50$ Hz.

**4.12.1    Gesucht:**  $\Delta P/P_0 = ?$

**Lösungsweg:**
a) Berechnen des Widerstandes $R_L$ der Lampe mit Formel 4.9 und des induktiven Blindwiderstandes $X_L$ der Drosselspule mit Formel 4.4.
b) Berechnen des Stromes $I_1$ mit Drosselspule.
c) Berechnen der Leistung $P_1$ der Lampe mit vorgeschalteter Drosselspule.
d) Berechnen von $\Delta P/P_0$.

zu a)

$$R_L = \frac{U^2}{P_0} = \frac{230^2\,V^2}{300\,W},$$

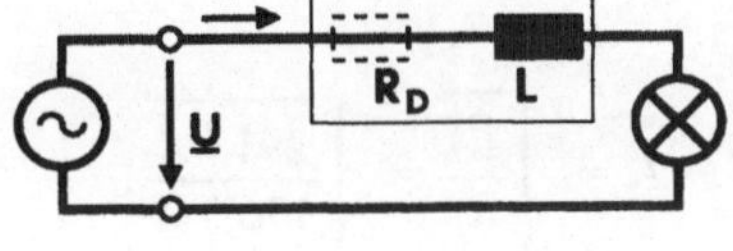


$$R_L = 176{,}3\,\Omega,$$

$$X_L = \omega L = 2\pi \cdot 50\,s^{-1} \cdot 60 \cdot 10^{-3}\,\frac{Vs}{A}, \qquad X_L = 18{,}85\,\Omega.$$

zu b)

$$Z_1 = \sqrt{R^2 + (\omega L)^2} = \sqrt{176{,}3^2 + 18{,}85^2}\,\Omega, \qquad Z_1 = 177{,}3\,\Omega,$$

$$I_1 = \frac{U}{Z_1} = \frac{230\,V}{177{,}3\,\Omega}, \qquad I_1 = 1{,}297\,A.$$

zu c)

$$P_1 = I_1^2 R_L = 1{,}297^2\,A^2 \cdot 176{,}3\,\Omega, \qquad P_1 = 296{,}6\,W.$$

zu d)

$$\frac{\Delta P}{P_0} = \frac{P_0 - P_1}{P_0} = \frac{(300 - 296{,}6)\,W}{300\,W} = 0{,}01133, \qquad \frac{\Delta P}{P_0} = 1{,}133\,\%.$$

**4.12.2**  **Gegeben:** $\Delta P/P_0 = 0{,}03$.
**Gesucht:**  $R_D = ?$.
**Lösungsweg:**
a) Berechnen des Stromes $I_2$, bei dem die Lampenleistung um 3 % reduziert ist.
b) Berechnen der erforderlichen Gesamtimpedanz $Z_2$, bei der die Leistung um 3 % reduziert wird.
c) Berechnen des Widerstandes $R_D$ aus der Gesamtimpedanz $Z_2$.

zu a)

$$P_2 = 0{,}97\,P_0 = 0{,}97 \cdot 300\,W,$$

$$P_2 = 291{,}0\,W.$$

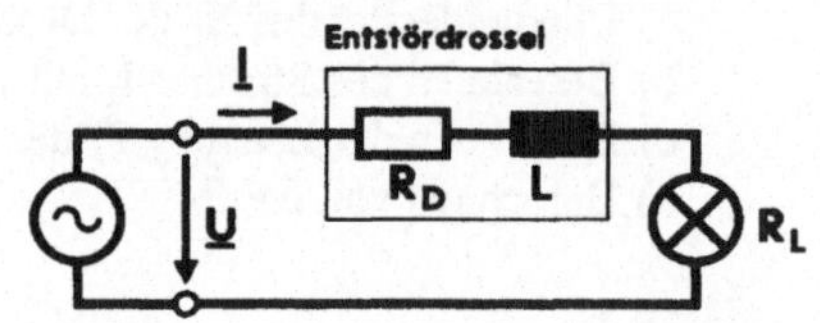


$$I_2 = \sqrt{\frac{P_2}{R_L}} = \sqrt{\frac{291\,VA}{176{,}3\,\Omega}}, \qquad I_2 = 1{,}285\,A.$$

zu b)

$$Z_2 = \frac{U}{I_2} = \frac{230\,V}{1{,}285\,A}, \qquad Z_2 = 179{,}0\,\Omega.$$

zu c)

$$Z_2 = \sqrt{(R_L + R_D)^2 + X_L^2}, \qquad R_L + R_D = \sqrt{Z_2^2 - X_L^2},$$

$$R_{ges} = R_L + R_D = \sqrt{179{,}0^2 - 18{,}85^2}\,\Omega = 178{,}0\,\Omega,$$

$$R_D = R_{ges} - R_L = 178{,}0\,\Omega - 176{,}3\,\Omega, \qquad R_D = 1{,}7\,\Omega.$$

## 4.13 Steuerung der Motorleistung eines Spaltpolmotors

**Gegeben:** $R = 800\,\Omega$, $L = 3\,H$, $U = 230\,V$, $f = 50\,Hz$.

**4.13.1 Gesucht:** $P = ?$, $\cos\varphi = ?$.
**Lösungsweg:**
a)  Berechnen der Impedanz $Z$ des Motors.
b)  Berechnen der Motorstroms $I$.
c)  Berechnen der Wirkleistung $P$ aus Formel 4.8.
d)  Berechnen des $\cos\varphi$ als Quotient aus Wirkleistung und Scheinleistung gemäß Formel 4.8 und 4.9.

zu a)

$$X_L = \omega L = 2\pi \cdot 50\,s^{-1} \cdot 3\,\frac{Vs}{A}, \qquad X_L = 942,5\,\Omega,$$

$$Z = \sqrt{R^2 + X_L^2} = \sqrt{800^2 + 942,5^2}\,\Omega, \qquad \underline{Z = 1236\,\Omega}.$$

zu b)

$$I = \frac{U}{Z} = \frac{230\,V}{1236\,\Omega}, \qquad \underline{I = 0,186\,A}.$$

zu c)

$$P = I^2 R = 0,186^2 A^2 \cdot 800\,\Omega, \qquad \underline{P = 27,68\,W}.$$

zu d)

$$\cos\varphi = \frac{P}{S} = \frac{P}{U\,I} = \frac{27,68\,VA}{230\,V \cdot 0,186\,A}, \qquad \underline{\cos\varphi = 0,647}.$$

**4.13.2 Gesucht:** $P = f(R_V)$.
**Lösungsweg:** Aufstellen einer Wertetabelle für verschiedene Werte von $R_V$.

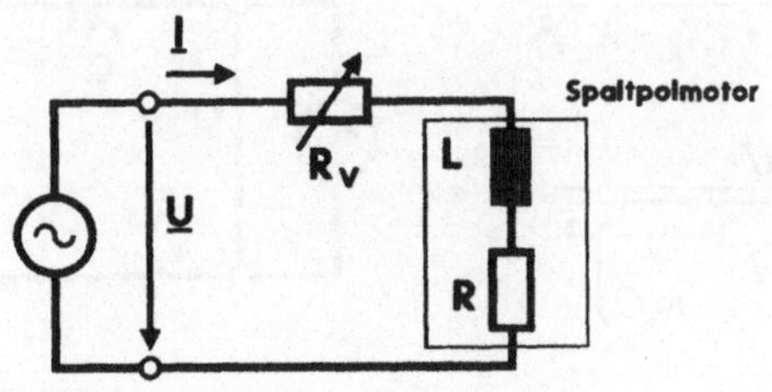

$$P = I^2 R = \left( \frac{U}{Z_{ges}} \right)^2 \cdot R, \qquad P = \frac{U^2 R}{(R + R_v)^2 + X_L^2},$$

$$P = \frac{230^2\,V^2 \cdot 800\Omega}{(800\Omega + R_V)^2 + 942,5^2\,\Omega^2}.$$

| $R_V/\Omega$ | 0 | 100 | 250 | 500 | 1000 | 1500 | 2000 | 3000 |
|---|---|---|---|---|---|---|---|---|
| P/W | 27,69 | 24,92 | 21,26 | 16,41 | 10,25 | 6,850 | 4,850 | 2,761 |

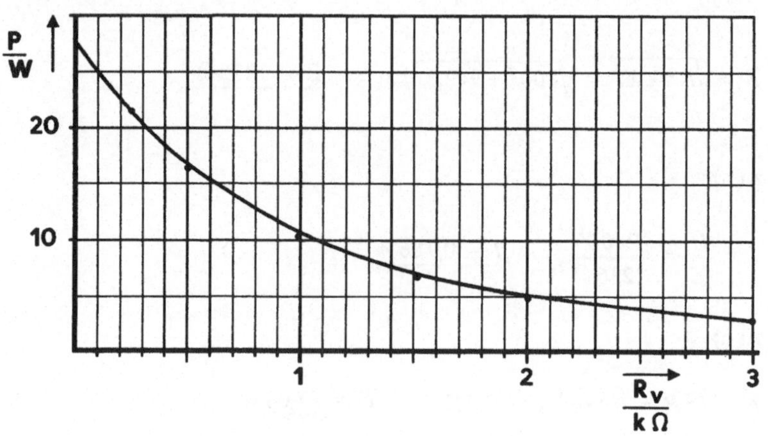

**4.13.3**  **Gesucht:**   $P = f(C)$.

**Lösungsweg:**

a) Aufstellen einer Funktion $I = f(C)$.

b) Aufstellen einer Funktion $P = f(C)$.

c) Berechnung einer Wertetabelle.

zu a)

$$I = \frac{U}{Z} = \frac{U}{\sqrt{R^2 + (X_L - X_C)^2}},$$

$$I = \frac{U}{\sqrt{R^2 + \left( \omega L - \dfrac{1}{\omega C} \right)^2}},$$

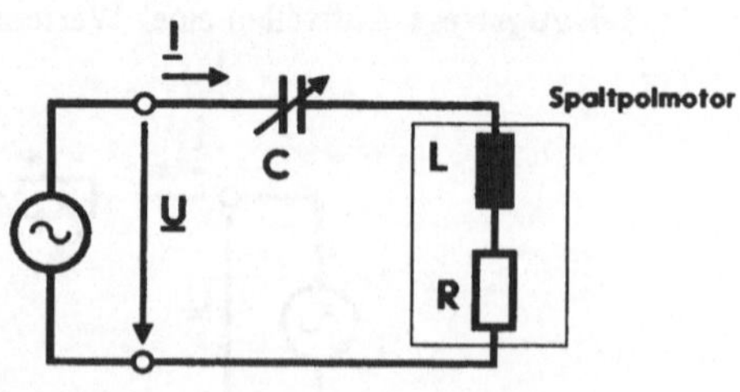

$$P = I^2 R = \frac{U^2 R}{R^2 + \left(\omega L - \dfrac{1}{\omega C}\right)^2}, \qquad P = \frac{230^2\, V^2 \cdot 800\,\Omega}{800^2\,\Omega^2 + \left(942{,}5\,\Omega - \dfrac{1}{\omega C}\right)^2}.$$

| C/µF | 0,8 | 1,06 | 1,59 | 2,12 | 3,18 | 3,38 | 3,98 | 6,37 | 12,73 |
|------|-----|------|------|------|------|------|------|------|-------|
| $X_C$/Ω | 4000 | 3000 | 2000 | 1500 | 1000 | 942,5 | 800 | 500 | 250 |
| P/W | 4,23 | 8,68 | 24,1 | 44,5 | 65,8 | 66,1 | 64,1 | 50,6 | 37,8 |

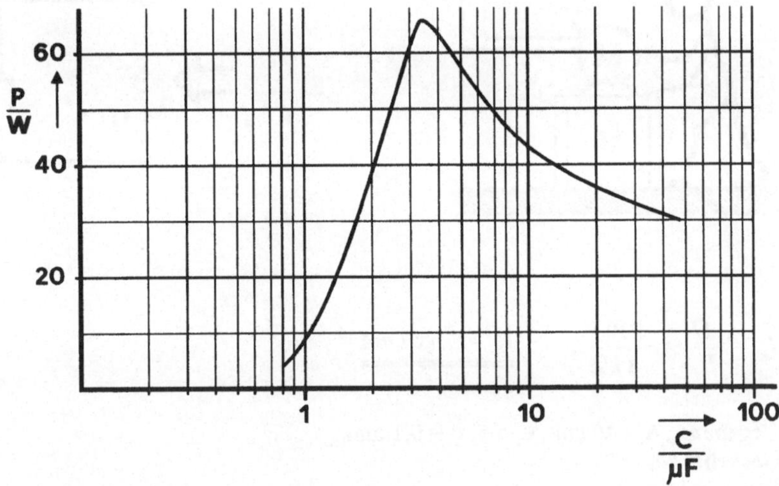


### 4.13.4 Vorteile des Kondensators:

Ein Vorwiderstand erlaubt keine verlustfreie Steuerung der Motorleistung, weil er selbst Wirkleistung verbraucht. Der Kondensator dagegen verbraucht keine Wirkleistung, sondern nur Blindleistung; er erwärmt sich nicht.

### Gefahren des Kondensators:

Im Gegensatz zum Vorwiderstand $R_V$ kann der Kondensator die Wirkung der Motorinduktivität kompensieren, da sich die Blindwiderstände von Kondensator und Spule gegenseitig aufheben. Dadurch kann die Motorleistung bei falscher Wahl des Kondensatorwertes (C zu hoch) erheblich höher als ohne Kondensator werden. **Dies kann zur Überhitzung des Motors führen!**

### 4.14 Elektrischer Unfall

**Gegeben:** $U = 230$ V.

**4.14.1 Gegeben:** $R_K = 3$ k$\Omega$.
**Gesucht:** $I_K = ?$.
**Lösungsweg:** Aufstellen eines Ersatzschaltbildes und Berechnen des Körperstroms nach dem Ohmschen Gesetz.

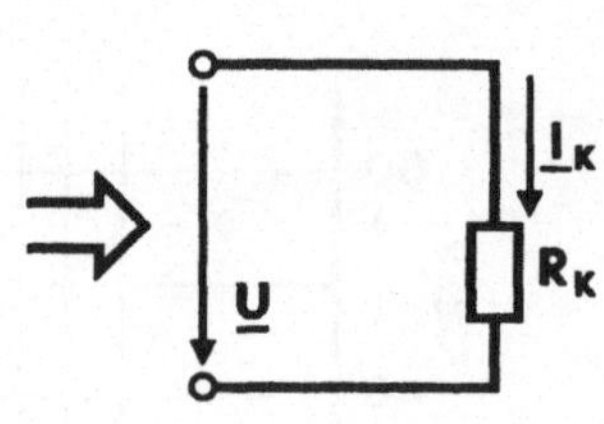

$$I_K = \frac{U}{R_K} = \frac{230\,V}{3\,k\Omega}, \qquad \underline{I_K = 76{,}67\,mA}.$$

**4.14.2 Gegeben:** $A = 40$ cm$^2$, $\epsilon_r = 5$, $d = 0{,}1$ mm.
**Gesucht:** $I_K = ?$.
**Lösungsweg:**
a) Ermitteln der Kapazität C, die zwischen den Fußsohlen der Person und der Metallplatte gebildet wird (Plattenkondensator Formel 2.3).
b) Ermitteln der Gesamtimpedanz der Person auf der Folie.
c) Berechnen des Körperstroms.

zu a)

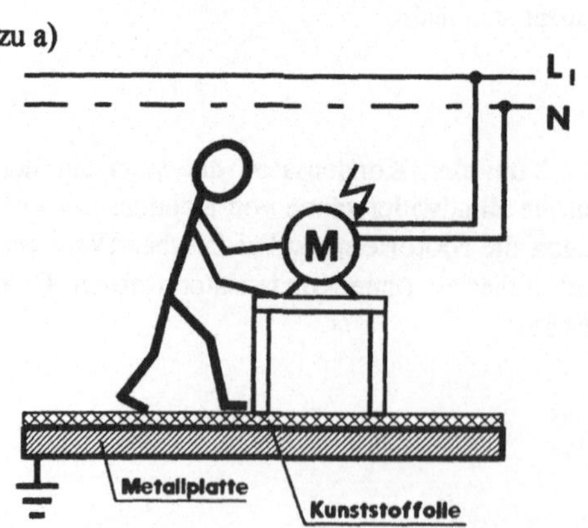

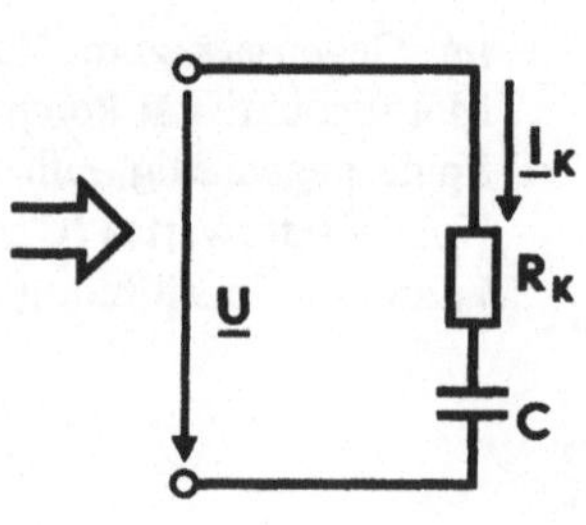

$$C = \frac{\varepsilon_0 \varepsilon_r A}{d} = \frac{8{,}854 \cdot 10^{-12}\, As \cdot 5 \cdot 40 \cdot 10^{-4}\, m^2}{Vm \cdot 10^{-4}\, m}, \qquad \underline{C = 1{,}771\, nF}\,,$$

**zu b)**

$$X_C = \frac{1}{\omega C} = \frac{1}{2\pi \cdot 50\, s^{-1} \cdot 1{,}771 \cdot 10^{-9}\, As}, \qquad \underline{X_C = 1{,}797 M\Omega}\,.$$

$$Z = \sqrt{R^2 + X_C^2} = \sqrt{3000^2 + (1{,}797 \cdot 10^6)^2}\ \Omega, \qquad \underline{Z = 1{,}797 M\Omega}\,.$$

**zu c)**

$$I_K = \frac{U}{Z} = \frac{230 V}{1{,}797\, M\Omega}, \qquad \underline{I_K = 128\, \mu A}\,.$$

**Anmerkung:** Trotz des sehr niedrigen Körperstroms ist die Situation sehr gefährlich, da sofort ein hoher Körperstrom fließt, sobald die Person mit irgendeinem Körperteil ein geerdetes Teil berührt.

## 4.15 Leistung eines Wechselstrommotors

**Gegeben:** $U = 230$ V, $M = 4$ Nm, $\eta = 0{,}8$, $\cos\varphi = 0{,}75$, $n = 2800$ min$^{-1}$.

**4.15.1 Gesucht:** $P = ?$, $S = ?$, $Q = ?$.
**Lösungsweg:**
a) Berechnen der an der Motorwelle abgegebenen Leistung $P_M$.
b) Berechnen der aufgenommenen elektrischen Leistung $P = P_M/\eta$.
c) Anwenden der Formeln 4.8, 4.9, 4.7.

**zu a)**

$$P_M = \omega M = 2\pi \frac{n}{60} M = 2\pi \cdot \frac{2800}{60}\, s^{-1} \cdot 4\, Nm,$$

$$\underline{P_M = 1{,}173\, kW}\,.$$

**zu b)**

$$P = \frac{P_M}{\eta} = \frac{1{,}173\, kW}{0{,}8}, \qquad \underline{P = 1{,}466\, kW}\,.$$

126

zu c)

$$S = \frac{P}{\cos \varphi} = \frac{1,466\,kW}{0,75}, \qquad \underline{\underline{S = 1,955\,kVA}}\,,$$

$$Q = \sqrt{S^2 - P^2} = \sqrt{(1955\,VA)^2 - (1466\,VA)^2}, \qquad \underline{\underline{Q = 1,293\,kvar}}\,.$$

**4.15.2**  **Gesucht:**  I = ?.
**Lösungsweg:** Anwenden von Formel 4.8.

$$I = \frac{S}{U} = \frac{1955\,VA}{230\,V}, \qquad \underline{\underline{I = 8,500\,A}}\,.$$

**4.15.3**  **Gesucht:**  C = ?.
**Lösungsweg:** Anwenden der Formeln 4.5 und 4.10.

$$Q = \frac{U^2}{X_C} = U^2 \omega C, \qquad C = \frac{Q}{U^2 \omega} = \frac{1293\,VA}{230^2\,V^2 \cdot 2\,\pi \cdot 50\,s^{-1}}\,,$$

$$\underline{\underline{C = 77,80\,\mu F}}\,.$$

**4.15.4**  Ist der Kompensationskondensator parallel zu den Klemmen des zu kompensierenden Verbrauchers geschaltet, so liegt der Verbraucher nach wie vor direkt an der Netzspannung. Der Kondensator beeinflußt also in keiner Weise die Verbraucherspannung und den Strom durch den Verbraucher. Lediglich der Strom in der Zuleitung $(\underline{I} + \underline{I}_C)$ wird durch den zusätzlichen Kondensatorstrom in günstiger Weise beeinflußt. Eine Schaltung des Kondensators in Reihe zum Verbraucher würde einen zusätzlichen Spannungsabfall $\underline{U}_C$ am Kondensator bewirken. Dadurch würden die Spannung $\underline{U}_M$ und der Strom $\underline{I}'$ am Verbraucher verändert.

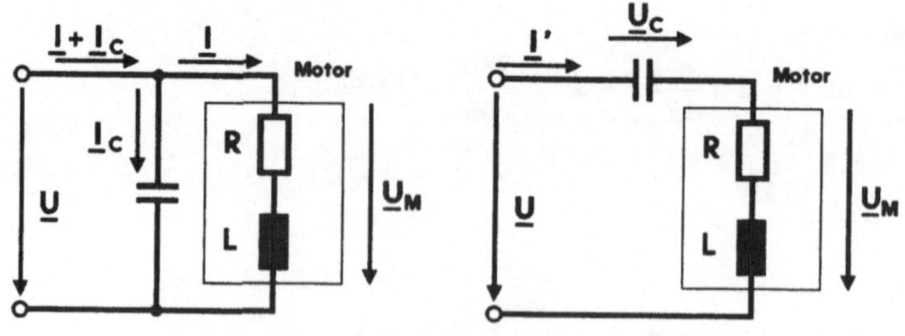

4.15.5  Der Wirkungsgrad $\eta$ ist ein Maß für die Verlustleistung, die in einem Gerät in Wärme umgesetzt wird und deshalb verloren geht.

Der Leistungsfaktor cos $\varphi$ gibt an, welcher Anteil der zum Verbraucher transportierten elektrischen Leistung tatsächlich umgesetzt wird (Wirkleistung). Der Rest geht nicht verloren, sondern wird wieder zur Quelle zurückgeschickt (Blindleistung).

## 4.16    Transformatorleistung

**Gegeben:**  $S_T = 1$ kVa, P = 900 W, cos $\varphi$ = 0,7.

4.16.1  **Gesucht:**  S = ?.
**Lösungsweg:** Berechnung der Verbraucherscheinleistung S mit Hilfe der Formeln 4.8 und 4.9 und Vergleich mit der vom Transformator übertragbaren Scheinleistung $S_T$.

$$S = \frac{P}{\cos \varphi} = \frac{900\,W}{0,75}, \qquad \underline{S = 1,200\,kVA}.$$

Vergleich: Die erforderliche Scheinleistung S ist größer als die übertragbare Scheinleistung $S_T$.

4.16.2  Durch Blindleistungskompensation (Parallelschalten eines Kondensators) kann bei gleicher Wirkleistung die Verbraucherscheinleistung verkleinert werden.

4.16.3

Die Verbraucherscheinleistung S muß innerhalb des Kreises mit dem Radius $S_T$ um den Ursprung liegen, um eine Überlastung des Transformators zu vermeiden. Durch die Blindleistungskompensation wird die Scheinleistung des Verbrauchers gleich der Wirkleistung.

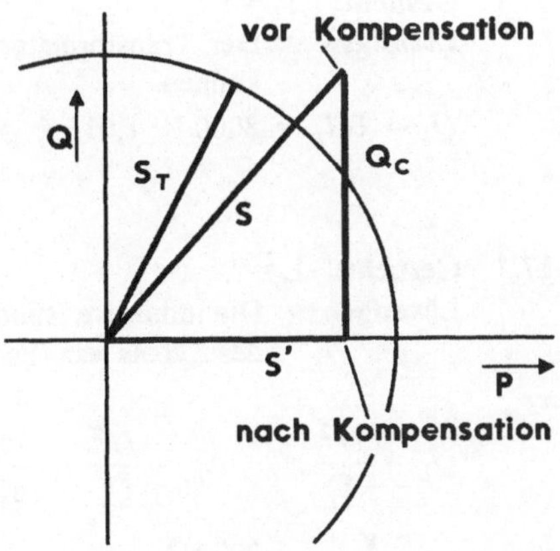

**4.17    Kabelprüfung mit Prüftransformator**

**Gegeben:**  $l = 4000$ m, $C/l = 101$ pF/m, $R/l = 30$ mΩ/m, $U = 8$ kV,
$f = 50$ Hz.

**4.17.1   Gesucht:**  Vergleich von R und $X_C$ des Kabels.
**Lösungsweg:** Berechnen des Gesamtwiderstands R und des kapazitiven Gesamt-
blindwiderstandes $X_C$ des Kabels.

$$R = \frac{R}{l}\,l = 30\frac{m\Omega}{m} \cdot 4000\,m\,, \qquad \underline{\underline{R = 120\Omega}}\,,$$

$$X_C = \frac{1}{\omega C} = \frac{1}{\omega \dfrac{C}{l}\,l} = \frac{1}{2\pi \cdot 50\,s^{-1} \cdot 101 \cdot 10^{-12}\,F \cdot 4000\,m}\,,$$

$$\underline{\underline{X_C = 7879\Omega}}\,, \quad \text{also gilt:} \quad X_C \gg R.$$

**4.17.2   Gesucht:**  $I_B = ?$.
**Lösungsweg:** Anwenden des Ohmschen Gesetzes auf den Blindwiderstand $X_C$
(Formel 4.5).

$$I_B = \frac{U}{X_C} = \frac{8000\,V}{7879\,\Omega}\,, \qquad \underline{\underline{I_B = 1{,}015\,A}}\,.$$

**4.17.3   Gesucht:**  $S_0 = ?$.
**Lösungsweg:** Der Transformator muß die Blindleistung $Q_K$ des Kabels übertragen
können.

$$Q_K = U I_B = 8000\,V \cdot 1{,}015\,A = 8120\,Var\,, \qquad \underline{\underline{S = Q_K = 8120\,VA}}\,.$$

**4.17.4   Gesucht:**  $L = ?$.
**Lösungsweg:** Die induktive Blindleistung der Spule muß so hoch wie die kapazitive
des Kabels sein (Formel 4.10).

$$Q_L = \frac{U^2}{X_L}\,, \qquad X_L = \frac{U^2}{Q_L} = \frac{8000^2\,V^2}{8120\,var}\,, \qquad \underline{\underline{X_L = 7879\Omega}}\,,$$

$$L = \frac{X_L}{\omega} = \frac{7879\,\Omega}{2\pi \cdot 50\,s^{-1}}\,, \qquad \underline{\underline{L = 25{,}08\,H}}\,.$$

**4.17.5  Gesucht:**   $S = ?$.
**Lösungsweg:**

a) Berechnung des Spulenstroms $I_L$.
b) Berechnung der Wirkleistung $P_L$ und der Blindleistung $Q_L$ der Spule.
c) Berechnung der gesamten Scheinleistung von Spule und Kabel.

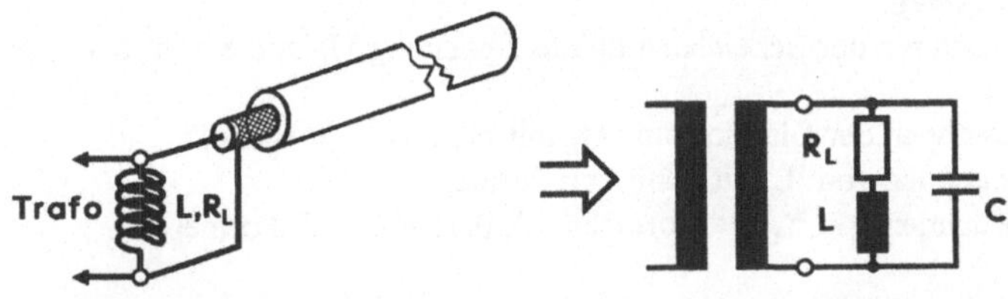


zu a)

$$I_L = \frac{U}{\sqrt{R_L^2 + X_L^2}} = \frac{8000\,V}{\sqrt{560^2 + 7879^2}\,\Omega} \, , \qquad \underline{I_L = 1,013\,A}\,.$$

zu b)

$$P_L = I_L^2 R_L = 1,013^2\,A^2 \cdot 560\,\Omega\,, \qquad \underline{P_L = 574,7\,W}\,,$$

$$Q_L = I_L^2 X_L = 1,013^2\,A^2 \cdot 7879\,\Omega\,, \qquad \underline{Q_L = 8085\,var}\,.$$

zu c)

$$S = \sqrt{P_L^2 + (Q_C - Q_L)^2} = \sqrt{574,7^2 + (8120 - 8085)^2}\,VA\,,$$

$$\underline{S = 575,8\,VA}\,.$$

**4.17.6**  Bei Wechselspannung fließt wegen des kapazitiven Blindwiderstandes des Kabels ein relativ hoher Blindstrom. Der Prüftransformator muß eine hohe Scheinleistung übertragen können. Bei Gleichspannung fließt praktisch kein Strom mehr, wenn die Kapazität des Kabels aufgeladen ist. Es entsteht also nur ein kurzer Stromstoß.

130

**4.18     Ersatzschaltbild eines Transformators**

G          $P_L = 24$ W, $U_L = 230$ V, $f = 50$ Hz, $I_L = 0{,}193$ A, $P_K = 21{,}7$ W, $U_K = 9{,}2$ V, $I_K = 3{,}2$ A.


**4.18.1   Gesucht:** $R_0 = ?$, $L_0 = ?$.
**Lösungsweg:**
a) Berechnen der Scheinleistung aus Spannung $U_L$ und Strom $I_L$ im Leerlauf (Formel 4.8).
b) Berechnen der Blindleistung $Q_L$ mit Hilfe von Formel 4.7.
c) Berechnen von $R_0$ mit Hilfe von Formel 4.9.
d) Berechnen von $X_L$ mit Formel 4.10, daraus $L_0$ mit Formel 4.4.

zu a)

$$S_L = U_L I_L = 230\,V \cdot 0{,}193\,A \,,$$

$$\underline{S_L = 44{,}39\,VA}\,.$$

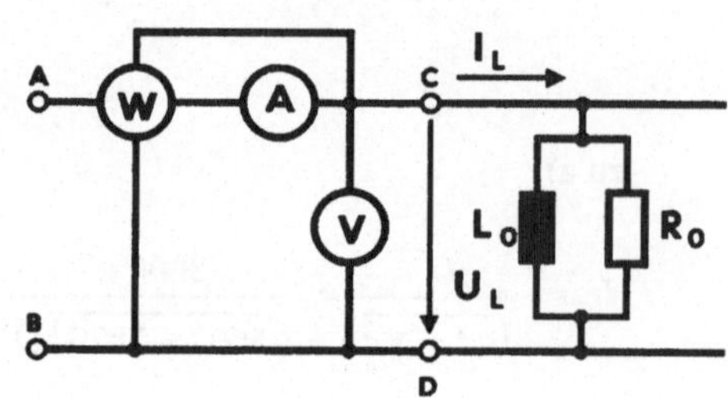


zu b)

$$Q_L = \sqrt{S_L^{\,2} - P_L^{\,2}} = \sqrt{44{,}39^2 - 24^2}\,VA\,, \qquad \underline{Q_L = 37{,}34\,var}\,.$$

zu c)

$$R_0 = \frac{U_L^{\,2}}{P_L} = \frac{230^2\,V^2}{24\,W}\,, \qquad \underline{\underline{R_0 = 2{,}204\,k\Omega}}\,.$$

zu d)

$$X_L = \frac{U_L^{\,2}}{Q_L} = \frac{230^2\,V^2}{37{,}34\,VA}\,, \qquad \underline{X_L = 1{,}417\,k\Omega}\,,$$

$$L_0 = \frac{X_L}{\omega} = \frac{X_L}{2\pi f} = \frac{1{,}417 \cdot 10^3\,\Omega}{2\pi \cdot 50\,s^{-1}} \qquad \underline{\underline{L_0 = 4{,}510\,H}}\,.$$

**4.18.2  Gesucht:**  $S_K = ?$, $Q_K = ?$.
**Lösungsweg:** Anwenden der Formeln 4.8 und 4.7.

$$S_K = U_K I_K = 9,2\,V \cdot 3,2A\,, \qquad \underline{\underline{S_K = 29,44\,VA}}\,,$$

$$Q_K = \sqrt{S_K^2 - P_K^2} = \sqrt{29,44^2 - 21,7^2}\,VA\,, \qquad \underline{\underline{Q_K = 19,90\,var}}\,.$$

**4.18.3  Gesucht:**  $P_{R1} = ?$, $Q_{L1} = ?$.
**Lösungsweg:**
a) Berechnung der im Kurzschlußfalle in $R_0$ umgesetzten Wirkleistung $P_{R0}$ und der in $L_0$ umgesetzten Blindleistung $Q_{L0}$.
b) Berechnen von $P_{R1}$ durch Subtrahieren der Leistung $P_{R0}$ von $P_K$.
c) Berechnen von $Q_{L1}$ durch Subtrahieren der Blindleistung $Q_{L1}$ von $Q_K$.

zu a)

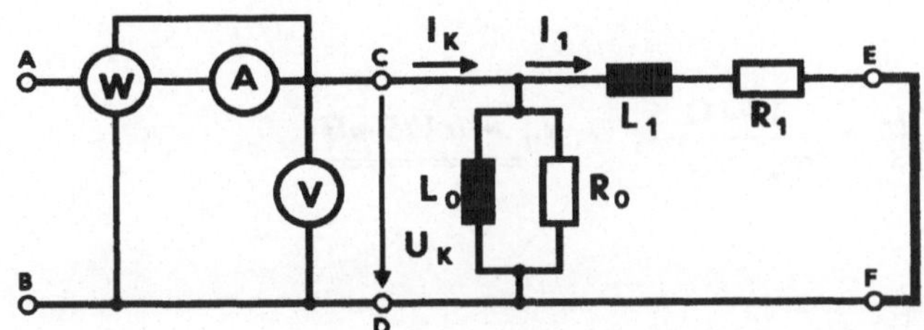


$$P_{R0} = \frac{U_K^2}{R_0} = \frac{9,2^2\,V^2}{2,204\,k\Omega}\,, \qquad \underline{\underline{P_{R0} = 35,19\,mW}}\,,$$

$$Q_{L0} = \frac{U_K^2}{X_{L0}} = \frac{9,2^2\,V^2}{1,417\,k\Omega}\,, \qquad \underline{\underline{Q_{L0} = 59,73\,mvar}}\,.$$

zu b)

$$P_{R1} = P_K - P_{R0} = 21,7\,W - 0,03519\,W\,, \qquad \underline{\underline{P_{R1} = 21,66\,W}}\,.$$

zu c)

$$Q_{L1} = Q_K - Q_{L1} = 19,90\,var - 0,05973\,var\,, \qquad \underline{\underline{Q_{L1} = 19,84\,var}}\,.$$

132

4.18.4   Die in $R_0$ umgesetzte Wirkleistung und die in $L_0$ umgesetzte Blindleistung sind sehr klein gegenüber $P_K$ und $Q_K$. Sie gehen kaum in die Leistungsbilanz ein.


4.18.5   **Gesucht:** $R_1 = ?$, $L_1 = ?$.
**Lösungsweg:**

a) Aus der Näherung $P_{R1} \approx P_K$, $Q_{L1} \approx Q_K$ folgt, daß im Kurzschlußfalle die Ströme durch $R_0$ und $L_0$ vernachlässigbar klein sind. Damit ist der Strom $I_1$ durch $L_1$ und $R_1$ ungefähr gleich dem Kurzschlußstrom $I_K$. Diesen Strom muß man nur noch zusammen mit den bekannten Leistungen in Formel 4.10 einsetzen.

$$R_1 \approx \frac{P_K}{I_K^2} = \frac{21{,}7\,VA}{3{,}2^2\,A^2}, \qquad \underline{R_1 \approx 2{,}12\,\Omega},$$

$$X_{L1} \approx \frac{Q_K}{I_1^2} = \frac{19{,}90\,VA}{3{,}2^2\,A^2}, \qquad X_{L1} \approx 1{,}94\,\Omega,$$

$$L_1 \approx \frac{X_{L1}}{\omega} \approx \frac{1{,}94\,\Omega}{2\pi \cdot 50\,s^{-1}}, \qquad \underline{\underline{L_1 \approx 6{,}175\,mH}}.$$


4.18.6   **Gegeben:** $R_2' = 22\,\Omega$, $U = 230$ V.
**Gesucht:** $P_{VFe} = ?$, $P_{VCu} = ?$, $U_2' = ?$.
**Lösungsweg:**

a) Berechnen der Gesamtimpedanz Z.
b) Berechnen der Verluste mit Hilfe von Formel 4.9.
c) Anwenden der Spannungsteilerregel (Formel 4.17) zur Berechnung von $U_2'$.

zu a)

$$Z = \sqrt{(R_1 + R_2')^2 + X_{L1}^2} = \sqrt{(2,12 + 22)^2 + 1,94^2}\,\Omega, \qquad \underline{Z = 24,20\Omega}.$$

zu b)

$$I = \frac{U}{Z} = \frac{230\,V}{24,20\Omega}, \qquad \underline{I = 9,504\,A},$$

$$P_{VFe} = \frac{U^2}{R_0} = \frac{230^2\,V^2}{2,204\,k\Omega}, \qquad \underline{\underline{P_{VFe} = 24\,W}}.$$

**Die Höhe der Eisenverluste ist unabhängig von der Belastung.**

$$P_{VCu} = I^2 R_1 = 9,504^2\,A^2 \cdot 2,12\Omega, \qquad \underline{\underline{P_{VCu} = 191,5\,W}}.$$

zu c)

$$U_2' = I R_2' = 9,504\,A \cdot 22\Omega, \qquad \underline{\underline{U_2' = 209,1\,V}}.$$

134

## Lösungen zu 5    (Drehstrom)

Grundlagen

**5.1    Ohmscher Verbraucher in Sternschaltung**

**Gegeben:**  U = 400/230 V, f= 50 Hz, R = 270 $\Omega$.

5.1    **Gesucht:**   Alle Spannungen und Ströme.
**Lösungsweg:** Anwenden des Ohmschen Gesetzes auf die Verbraucherstränge.

$$U_{12} = U_{23} = U_{31} = U_\Delta = \underline{\underline{400V}},$$

$$U_1 = U_2 = U_3 = U_Y = \underline{\underline{230\,V}},$$

$$I_1 = I_2 = I_3 = \frac{U_Y}{R} = \frac{230\,V}{270\,\Omega} = \underline{\underline{0{,}8519\,A}}\,.$$

Da bei symmetrischen Drehstromverbrauchern die Verhältnisse in den drei Strängen gleich sind, genügt es, die Daten für einen Verbraucherstrang zu berechnen.

5.1.2    **Gesucht:**   Zeigerdiagramm der Spannungen und Ströme.

Maschenregel:

$$\underline{U}_{12} = \underline{U}_1 - \underline{U}_2,$$

$$\underline{U}_{23} = \underline{U}_2 - \underline{U}_3,$$

$$\underline{U}_{31} = \underline{U}_3 - \underline{U}_1.$$

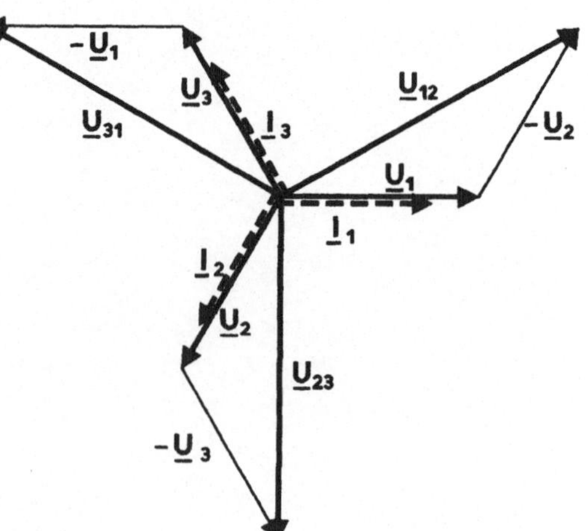


Die Strangströme sind in Phase mit den Strangspannungen $\underline{U}_1$, $\underline{U}_2$ und $\underline{U}_3$.

**5.1.3  Gesucht:  P = ?.**

> **Lösungsweg:** Da die Widerstandswerte der Verbraucherstränge bekannt sind, ist es am günstigsten, die Leistung **eines** Stranges zu berechnen und den Wert mit dem Faktor 3 (drei Stränge) zu multiplizieren.

$$P = 3\,U_Y I_Y = 3 \cdot 230\,V \cdot 0{,}8519\,A\,, \qquad \underline{\underline{P = 587{,}8\,W}}\,.$$

## 5.2  Verbraucher mit kapazitiver Komponente in Sternschaltung

**Gegeben:**  U = 400/230 V, f = 50 Hz, R = 100 Ω, C = 4,7 μF.
Daraus folgt: $X_C$ = 1/ωC = 677,3 Ω.

**5.2.1  Gesucht:**   Alle Spannungen und Ströme.
**Lösungsweg:**
a) Berechnen der Impedanz Z eines Verbraucherstrangs.
b) Berechnen des Strangstroms nach Formel 4.19.
c) Berechnen der Spannungsabfälle an R und C (Formeln 4.3. und 4.5).

zu a)

$$Z = \sqrt{R^2 + X_C^2} = \sqrt{100^2 + 677{,}3^2}\,\Omega\,, \qquad \underline{\underline{Z = 684{,}6\,\Omega}}\,.$$

zu b)

$$I_Y = \frac{U_Y}{Z} = \frac{230\,V}{684{,}6\,\Omega}\,, \qquad \underline{\underline{I_Y = 0{,}3360\,A}}\,.$$

zu c)

$$U_R = I_Y R = 0{,}3360\,A \cdot 100\,\Omega\,, \qquad \underline{\underline{U_R = 33{,}60\,V}}\,,$$

$$U_C = I_Y X_C = 0{,}3360\,A \cdot 677{,}3\,\Omega\,, \qquad \underline{\underline{U_C = 227{,}6\,V}}\,.$$

Wie bei Einphasenwechselstrom eilt am Kondensator die Spannung $\underline{U}_C$ dem Strom $\underline{I}_Y$ um π/2 nach, während $\underline{U}_R$ und $\underline{I}_Y$ in Phase sind (siehe Zeigerdiagramm in 5.2.2).

**5.2.2**  **Gesucht:**  Zeigerdiagramm aller Spannungen und Ströme.

        **Lösungsweg:** Da der Verbraucher symmetrisch ist, genügt es, die Spannungen und Ströme eines Stranges zu zeichnen. Die Zeigerbilder der beiden anderen Verbraucherstränge sind identisch, mit dem Unterschied, daß die Zeiger den gezeichneten um $2\pi/3$ bzw. $4\pi/3$ vorauseilen.

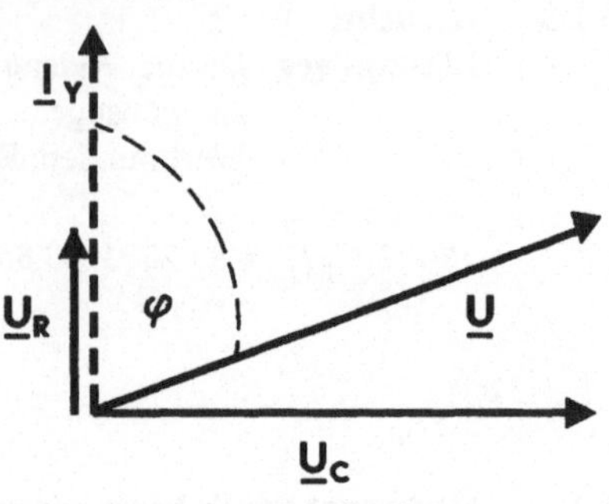


**5.2.3**  **Gesucht:**  $S = ?$.

        **Lösungsweg:** Berechnen der Scheinleistung eines Verbraucherstranges und Multiplizieren mit dem Faktor 3 (drei Stränge). Bei allen symmetrischen Drehstromverbrauchern liegt der Ausnahmefall vor, daß man auch die Scheinleistungen (sonst nur Wirk- und Blindleistungen) der drei Stränge algebraisch addieren darf. Dies gilt nur deshalb, weil die Phasenwinkel $\varphi$ zwischen Strangspannungen und Strangströmen gleich sind.

$$S = 3\,U_Y I_Y \approx 3 \cdot 230\,V \cdot 0{,}3360\,A\,, \qquad \underline{S = 231{,}8\,VA}\,.$$

**5.2.4.**  **Gesucht:**  $P = ?, Q = ?$.

        **Lösungsweg:**

a) Berechnen des $\cos\varphi$ aus den Werten der Schaltelemente eines Verbraucherstranges.

b) Berechnen von P und Q durch Anwenden der Formeln 4.9 und 4.7.

zu a)

$$\tan\varphi = -\frac{X_C}{R} = -\frac{677{,}3\,\Omega}{100\,\Omega} = -6{,}773\,, \qquad \varphi = -81{,}6°,$$

$$\underline{\cos\varphi = 0{,}1461}\,.$$

zu b)

$$P = S\cos\varphi = 231{,}8\,VA \cdot 0{,}1461\,, \qquad \underline{P = 33{,}87\,W}\,,$$

$$Q = \sqrt{S^2 - P^2} = \sqrt{231{,}8^2 - 33{,}87^2}\,var\,, \qquad \underline{Q = 229{,}3\,var}\,.$$

## 5.3 Ohmscher Verbraucher in Dreieckschaltung

**Gegeben:** U = 400/230 V, f = 50 Hz, R = 270 Ω.

**5.3.1** **Gesucht:** Alle Spannungen und Ströme.
**Lösungsweg:** Berechnen eines Verbraucherstranges, die Verhältnisse in den beiden anderen sind gleich.

$$U_{12} = U_{23} = U_{31} = U_\Delta = \underline{\underline{400\,V}},$$

$$I_{12} = I_{23} = I_{31} = \frac{U_\Delta}{R} = \frac{400\,V}{270\,\Omega} = \underline{\underline{1{,}481\,A}}.$$

$$I_1 = I_2 = I_3 = I = \sqrt{3}\,I_\Delta = \sqrt{3} \cdot 1{,}481\,A, \qquad \underline{\underline{I = 2{,}565\,A}}.$$

**5.3.2** **Gesucht:** Zeigerdiagramm aller Spannungen und Ströme.

Knotenregel:

$$\underline{I}_1 = \underline{I}_{12} - \underline{I}_{31},$$

$$\underline{I}_2 = \underline{I}_{23} - \underline{I}_{12},$$

$$\underline{I}_3 = \underline{I}_{31} - \underline{I}_{23}.$$

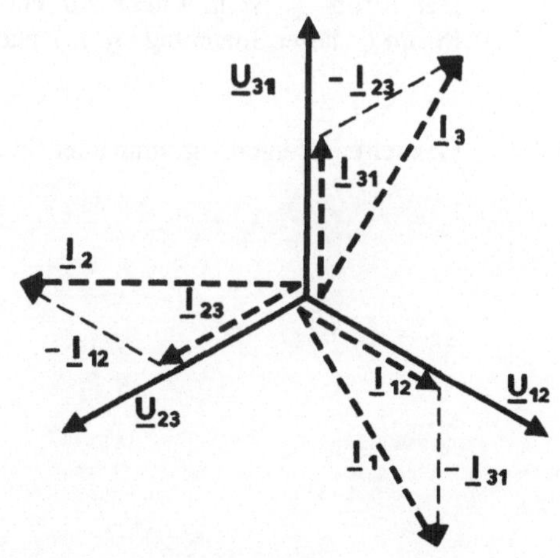


Die Außenleiterströme I sind in Phase mit den Sternspannungen U_Y.

**5.3.3** **Gesucht:** P = ?.
**Lösungsweg:** Berechnen der Wirkleistung eines Verbraucherstranges und Multiplizieren des Wertes mit dem Faktor 3.

$$P = 3\,U_\Delta I_\Delta = 3 \cdot 400\,V \cdot 1{,}481\,A, \qquad \underline{\underline{P = 1777\,W}}.$$

## 5.4    Verbraucher mit induktiver Komponente in Dreieckschaltung

**Gegeben:**  U = 400/230 V, f = 50 Hz, R = 100 Ω, L = 0,5 H.
         Daraus folgt: $X_L = \omega L = 157{,}1\ \Omega$.

**5.4.1**    **Gesucht:**  Alle Spannungen und Ströme.
        **Lösungsweg:** Berechnen der Werte für einen Verbraucherstrang und Übertragung
                der Ergebnisse auf die beiden anderen.

$$I_R = \frac{U_\Delta}{R} = \frac{400\,V}{100\,\Omega}, \qquad \underline{\underline{I_R = 4A}},$$

$$I_L = \frac{U_\Delta}{X_L} = \frac{400\,V}{157{,}1\,\Omega}, \qquad \underline{\underline{I_L = 2{,}546A}}.$$

$$I_\Delta = \sqrt{I_R^2 + I_L^2} = \sqrt{4^2 + 2{,}546^2}\,A, \qquad \underline{\underline{I_\Delta = 4{,}742A}}.$$

Der Strom $\underline{I}_R$ ist in Phase zur entsprechenden Strangspannung $\underline{U}_\Delta$, während der Strom $\underline{I}_L$ dieser Spannung um $\pi/2$ nacheilt (siehe Zeigerdiagramm in 5.4.2).

**5.4.2**    **Gesucht:**  Zeigerdiagramm aller Spannungen und Ströme.

$$\underline{I}_{St} = \underline{I}_R + \underline{I}_L.$$

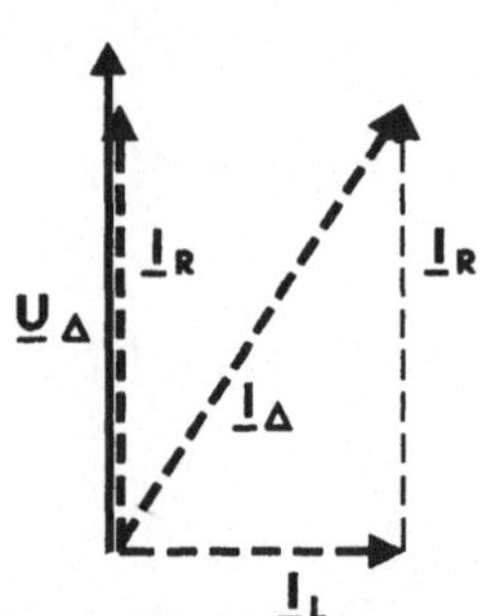


**5.4.3**    **Gesucht:**  S = ?.
        **Lösungsweg:** Anwenden von Formel 4.8 auf einen Verbraucherstrang und Multipli-
                zieren des Ergebnisses mit dem Faktor 3 (3 Stränge).

$$S = 3\,U_\Delta I_\Delta = 3 \cdot 400\,V \cdot 4{,}742A, \qquad \underline{\underline{S = 5690\,W}}.$$

**5.4.4** **Gesucht:** $P = ?, Q = ?$.
**Lösungsweg:**
a) Berechnen des $\cos \varphi$.
b) Berechnen der Wirk- und der Blindleistung mit Hilfe der Formeln 4.9 und 4.7.

zu a)

$$\tan \varphi = \frac{I_L}{I_R} = \frac{2{,}546\,A}{4\,A}\,, \qquad \varphi = 32{,}48°\,, \qquad \underline{\cos \varphi = 0{,}8436}\,.$$

zu b)

$$P = S \cos \varphi = 5690\,VA \cdot 0{,}8436\,, \qquad \underline{\underline{P = 4800\,W}}\,,$$

$$Q = \sqrt{S^2 - P^2} = \sqrt{5690^2 - 4800^2}\ var\,, \qquad \underline{\underline{Q = 3056\ var}}\,.$$

**5.4.5** **Gesucht:** Leistungsdreieck des Verbrauchers.

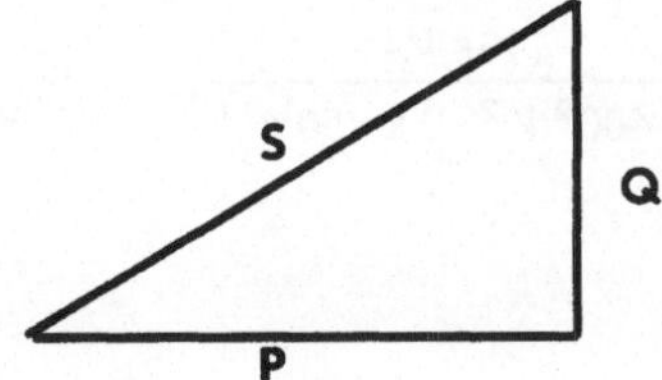


## 5.5 Kompensation

**Gegeben:** $U = 400/230$ V, f= 50 Hz, S = 10 kVA, $\varphi_{UI} = 11°$.

**5.5.1** **Gesucht:** $C_Y = ?$.
**Lösungsweg:**
a) Feststellen, ob die Spannung oder der Strom voreilt.
b) Berechnen des $\sin \varphi$ des Verbrauchers.
c) Berechnen der Blindleistung Q des Verbrauchers.
d) Anwenden der Formeln 4.10 und 4.5.

zu a)
$$\varphi_{UI} = \varphi_U - \varphi_I\,.$$

Ein positiver Winkel $\varphi$ bedeutet, daß die Spannung $\underline{U}$ dem Strom $\underline{I}$ vorauseilt. Der Verbraucher zeigt also induktives Verhalten, seine Blindleistung muß mit einer Kondensatorbatterie kompensiert werden.

140

zu b)

$$\varphi = 11°, \qquad \underline{\sin\varphi = 0{,}1908}.$$

zu c)

$$Q = S\sin\varphi = 10\,kVA \cdot 0{,}1908, \qquad \underline{Q = 1{,}908\,kvar}.$$

zu d)

$$C_Y = \frac{Q}{3\,U_Y^2\,\omega} = \frac{1908\,VA}{3 \cdot 230^2\,V^2 \cdot 2\pi \cdot 50\,s^{-1}}, \qquad \underline{\underline{C_Y = 38{,}27\,\mu F}}.$$

**5.5.2**  **Gesucht:**  $C_\Delta = ?$.
**Lösungsweg:** Anwenden der Formeln 4.10 und 4.5.

$$C_\Delta = \frac{Q}{3\,U_\Delta^2\,\omega} = \frac{1908\,VA}{3 \cdot 400^2\,V^2 \cdot 2\pi \cdot 50\,s^{-1}}, \qquad \underline{\underline{C_\Delta = 12{,}65\,\mu F}}.$$

**5.5.3**

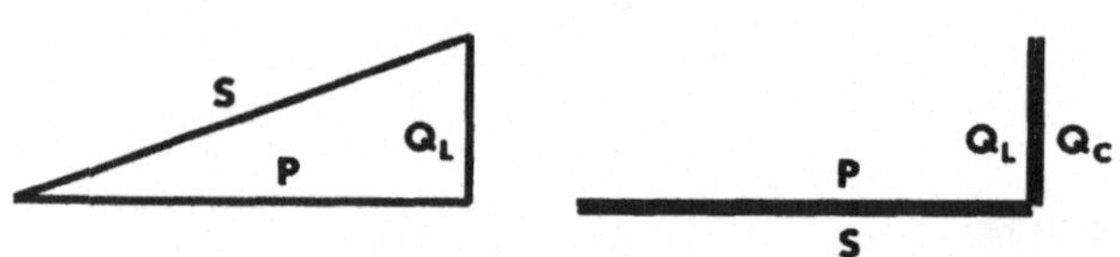


    vor der Kompensation      nach der Kompensation

**5.6**  **Ohmscher Verbraucher**

**Gegeben:**  U = 400/230 V, P = 6 kW.

**5.6.1**  **Gesucht:**  $R_Y = ?$ für Verbraucher in Sternschaltung.
**Lösungsweg:** Berechnen des Widerstandswertes aus der Leistung eines Stranges $P_{St}$

$$R_Y = \frac{U_Y^2}{P_{St}} = \frac{U_Y^2}{P/3} = \frac{230^2\,V^2}{2000\,W}, \qquad \underline{\underline{R_Y = 26{,}45\,\Omega}}.$$

**5.6.2**  **Gesucht:**  $R_\Delta = ?$ für Verbraucher in Sternschaltung.

**Lösungsweg:** Berechnen des Widerstandswertes aus der Leistung eines Stranges $P_{St} = P/3$.

$$R_\Delta = \frac{U_\Delta^2}{P_{St}} = \frac{U_\Delta^2}{P/3} = \frac{400^2\, V^2}{2000\, W}, \qquad \underline{\underline{R_\Delta = 80\,\Omega}}.$$

**5.6.3**  **Gesucht:**  $I_Y = ?$, $I = ?$ für Sternschaltung,

$I_\Delta = ?$, $I = ?$ für Dreieckschaltung.

**Lösungsweg:**

a) Berechnen eines Strangstroms nach Formel 4.3. In Sternschaltung ist der Außenleiterstrom I gleich dem Strangstrom.

b) Berechnen eines Strangstroms nach den Formeln 4.3. und 5.4

zu a)

$$I_Y = \frac{U_Y}{R_Y} = \frac{230\,V}{26{,}45\,\Omega}, \qquad \underline{\underline{I_Y = 8{,}696\,A}}.$$

Der Außenleiterstrom I beträgt:

$$\underline{\underline{I = I_Y = 8{,}696\,A}}.$$

zu b)

$$I_\Delta = \frac{U_\Delta}{R_\Delta} = \frac{400\,V}{80\,\Omega}, \qquad \underline{\underline{I_\Delta = 5\,A}}.$$

Der Außenleiterstrom I beträgt:

$$I = \sqrt{3}\, I_\Delta = \sqrt{3} \cdot 5A, \qquad \underline{\underline{I = 8{,}660\,A}}$$

Die Außenleiterströme I sind bei gegebener Verbraucherleistung unabhängig von der Schaltungsart des Verbrauchers. Die geringfügige Abweichung der Werte aus a) und b) ergibt sich aus der Tatsache, daß bereits die Angaben der Nennspannungen Rundungsfehler enthalten ( $\sqrt{3} \cdot 230\,V = 398{,}4\,V$ ).

Probe mit der schaltungsunabhängigen Formel 5.7 bzw. 5.9.

$$P = \sqrt{3}\, U_\Delta I, \qquad I = \frac{P}{\sqrt{3}\, U_\Delta} = \frac{6000\,W}{\sqrt{3} \cdot 400\,V}, \qquad \underline{\underline{I = 8{,}660\,A}}.$$

Technische Anwendungen

## 5.7 Drehstrommotor in Dreieckschaltung

**Gegeben:** $P_N = 7{,}5$ kW, $n_N = 1450$ min$^{-1}$, $I_N = 15$ A,
$U = 400/230$ V, $f = 50$ Hz, $\cos\varphi = 0{,}86$.

**5.7.1** **Gesucht:** $M_N = ?$.
**Lösungsweg:** Anwenden der Formel $P_N = M_N \omega_N$.

$$M_N = \frac{P_N}{\omega_N} = \frac{P_N}{2\pi \dfrac{n_N}{60}} = \frac{7500\,W}{2\pi \dfrac{1450}{60}\,s^{-1}}, \qquad \underline{\underline{M_N = 49{,}39\,Nm}}.$$

**5.7.2** **Gesucht:** $S = ?, P = ?, Q = ?$.
**Lösungsweg:** Anwenden der Formeln 5.10, 4.9 und 4.7.

$$S = \sqrt{3}\,U_\Delta I = \sqrt{3}\cdot 400\,V \cdot 15\,A, \qquad \underline{\underline{S = 10{,}39\,kVA}},$$

$$P = S\cos\varphi = 10{,}39\,kVA \cdot 0{,}86, \qquad \underline{\underline{P = 8{,}935\,kW}},$$

$$Q = \sqrt{S^2 - P^2} = \sqrt{10{,}39^2 - 8{,}935^2}\,kvar, \qquad \underline{\underline{Q = 5{,}303\,kvar}},$$

oder

$$Q = S\sin\varphi = 10{,}39\,kVA \cdot 0{,}5103, \qquad \underline{\underline{Q = 5{,}302\,kvar}}.$$

**5.7.3** **Gesucht:** $\eta = ?$.
**Lösungsweg:** Der Wirkungsgrad $\eta$ ist der Quotient aus abgegebener (mechanischer) Leistung und aufgenommener (elektrischer) Wirkleistung.

$$\eta = \frac{P_N}{P} = \frac{7{,}5\,kW}{8{,}935\,kVar}, \qquad \underline{\underline{\eta = 0{,}8394}}.$$

**5.7.4** **Gesucht:** $I_{St} = ?$.
**Lösungsweg:** Anwenden von Formel 5.10.

$$S_{St} = \frac{1}{3}S = U_\Delta I_{St}, \qquad I_{St} = \frac{S}{3\,U_\Delta} = \frac{10{,}39\,kVA}{3\cdot 400\,V}, \qquad \underline{\underline{I_{St} = 8{,}658\,A}},$$

oder

$$I_{St} = \frac{I_N}{\sqrt{3}} = \frac{15\,A}{\sqrt{3}}, \qquad \underline{\underline{I_{St} = 8{,}660\,A}}.$$

**5.7.5**  **Gesucht:**  $C_\Delta = ?$, $U_{C\Delta} = ?$.
**Lösungsweg:** Anwenden der Formeln 4.5 und 4.10.

$$Q = 3\,\frac{U_\Delta^2}{X_C} = 3\,U_\Delta^2 \cdot 2\pi f C_\Delta\,,$$

$$C_\Delta = \frac{Q}{3\,U_\Delta^2 \cdot 2\pi f} = \frac{5303\;VA}{3 \cdot 400^2\,V^2 \cdot 2\,\pi \cdot 50 s^{-1}} \qquad \underline{\underline{C_\Delta = 35{,}17\,\mu F}}\,,$$

$$U_{C\Delta} = \sqrt{2}\,U_\Delta = \sqrt{2} \cdot 400\,V\,, \qquad \underline{\underline{U_{C\Delta} = 565{,}7\,V}}\,.$$

**5.7.6**  **Gesucht:**  $C_Y = ?$, $U_{CY} = ?$.
**Lösungsweg:** Anwenden der Formeln 4.5 und 4.10.

$$Q = 3\,\frac{U_Y^2}{X_C} = 3\,U_Y^2 \cdot 2\pi f C_Y\,,$$

$$C_Y = \frac{Q}{3\,U_Y^2 \cdot 2\pi f} = \frac{5303\;VA}{3 \cdot 230^2\,V^2 \cdot 2\,\pi \cdot 50 s^{-1}} \qquad \underline{\underline{C_Y = 106{,}4\,\mu F}}\,,$$

$$U_{CY} = \sqrt{2}\,U_Y = \sqrt{2} \cdot 230\,V\,, \qquad \underline{\underline{U_{CY} = 325{,}3\,V}}\,.$$

## 5.8  Drehstrommotor in Sternschaltung

**Gegeben:**  R = 21,2 $\Omega$, L = 43,5 mH.
Daraus folgt: $X_L = \omega L = 13{,}67\,\Omega$.

**5.8.1**  **Gesucht:**  $\cos\varphi = ?$.
**Lösungsweg:** Berechnung aus den Werten eines Motorstranges.

$$\tan\varphi = \frac{X_L}{R} = \frac{13{,}67\,\Omega}{21{,}2\,\Omega} = 0{,}6448\,, \qquad \underline{\underline{\varphi = 32{,}81°}}\,,$$

$$\cos\varphi = \cos(32{,}81°)\,, \qquad \underline{\underline{\cos\varphi = 0{,}8405}}\,.$$

144

**5.8.2** **Gesucht:** $I_Y = ?$.
**Lösungsweg:**
a) Berechnung der Impedanz Z eines Motorstrangs.
b) Anwenden des Ohmschen Gesetzes (Formel 4.19) für einen Motorstrang.

zu a)

$$\underline{Z} = R + j X_L \, ,$$

$$Z = \sqrt{R^2 + X_L^2} = \sqrt{21{,}2^2 + 13{,}67^2}\,\Omega \qquad \underline{Z = 25{,}23\,\Omega} \, ,$$

zu b)

$$I_Y = \frac{U_Y}{Z} = \frac{U_Y}{\sqrt{R^2 + X_L^2}} = \frac{230\,V}{\sqrt{21{,}2^2 + 13{,}67^2}\,\Omega} \, , \qquad \underline{I_Y = 9{,}118\,A} \, .$$

**5.8.3** **Gesucht:** $S = ?, P = ?, Q = ?$.
**Lösungsweg:** Anwenden der Formeln 5.10 und 4.7.

$$S = 3\,\frac{U_Y^2}{Z} = 3\,\frac{230^2\,V^2}{25{,}23\,\Omega} \, , \qquad \underline{S = 6290\,VA} \, ,$$

$$P = S\cos\varphi = 6290\,VA \cdot 0{,}8405 \, , \qquad \underline{P = 5287\,W} \, ,$$

$$Q = \sqrt{S^2 - P^2} = \sqrt{6290^2 - 5287^2}\,var \, , \qquad \underline{Q = 3408\,var} \, .$$

oder

$$Q = S\sin\varphi = 6290\,VA \cdot 0{,}5419 \, , \qquad \underline{Q = 3409\,var} \, .$$

**5.8.4** **Gesucht:** Leistung bei Auslösen einer Sicherung.
**Lösungsweg:** Man zeichnet die Schaltung ohne den ausgefallenen Strang und berechnet die Gesamtleistung mit und ohne angeschlossenem Neutralleiter.

Fall 1: Neutralleiter mit Sternpunkt verbunden:

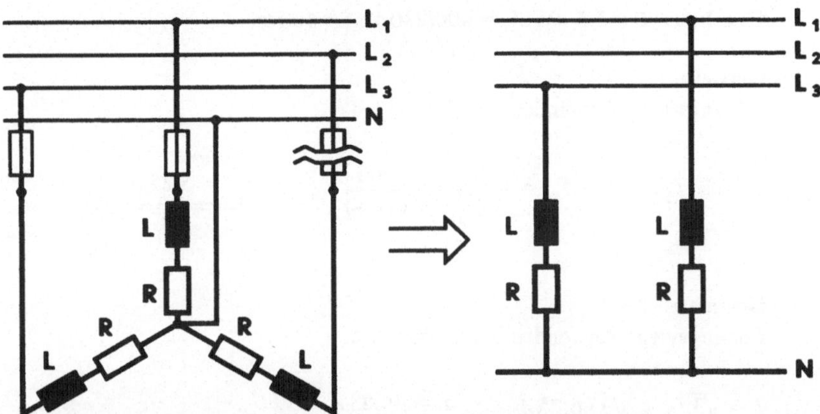

Die beiden intakten Verbraucherstränge liegen jeweils zwischen einem Außenleiter und dem Neutralleiter.

$$P_{V1} = 2 \cdot \frac{U_Y^2}{Z} \cos\varphi = 2 \cdot \frac{230^2\, V^2}{25,23\,\Omega} \cdot 0,8405\,, \qquad \underline{\underline{P_{V1} = 3525\,W}}\,.$$

Fall 2: Neutralleiter nicht mit Sternpunkt verbunden:

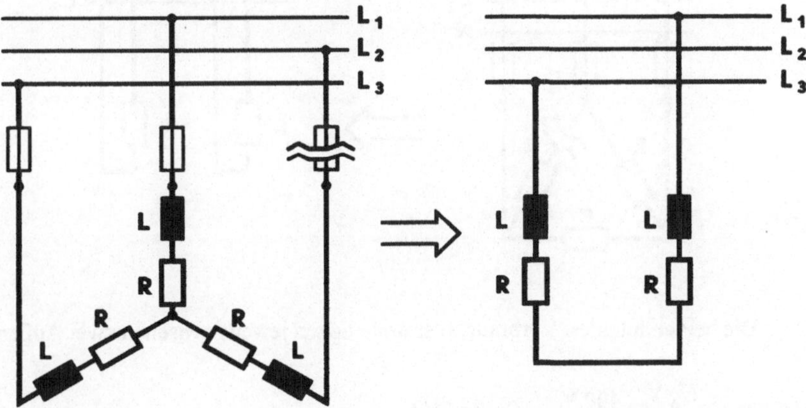

Die Reihenschaltung aus den beiden intakten Verbrauchersträngen liegt zwischen zwei Außenleitern. Der cosφ bleibt konstant, weil sich das Verhältnis von Wirkwiderstand (2 R) zu Blindwiderstand (2 ωL) nicht ändert.

$$P_{V2} = \frac{U_\Delta^2}{2\,Z} \cos\varphi = \frac{400^2\, V^2}{2 \cdot 25,23\,\Omega} \cdot 0,8405\,, \qquad \underline{\underline{P_{V2} = 2665\,W}}\,.$$

Im Falle, daß der Sternpunkt mit dem Neutralleiter verbunden ist, ergibt sich eine höhere Verlustleistung.

146

### 5.9  Elektrischer Heizofen

**Gegeben:**  P = 7,5 kW, U = 400/230 V, f = 50 Hz.

**5.9.1**  **Gesucht:**  $I_{St}$ = ?.
**Lösungsweg:** Anwenden von Formel 5.4.

$$P = 3\,U_\Delta I_{St}, \qquad I_{St} = \frac{P}{3\,U_\Delta} = \frac{7500\,W}{3 \cdot 400\,V}, \qquad \underline{\underline{I_{St} = 6{,}25\,A}}.$$

**5.9.2**  **Gesucht:**  I = ?.
**Lösungsweg:** Anwenden von Formel 5.4.

$$I = \sqrt{3}\,I_{St} = \sqrt{3} \cdot 6{,}25\,A, \qquad \underline{\underline{I = 10{,}83\,A}}.$$

**5.9.3**  **Gesucht:**  $P_1$ = ?.
**Lösungsweg:** Man zeichnet die Schaltung ohne den ausgefallenen Verbraucherstrang und wendet die Formeln 4.3 und 4.9 auf die Schaltung an.

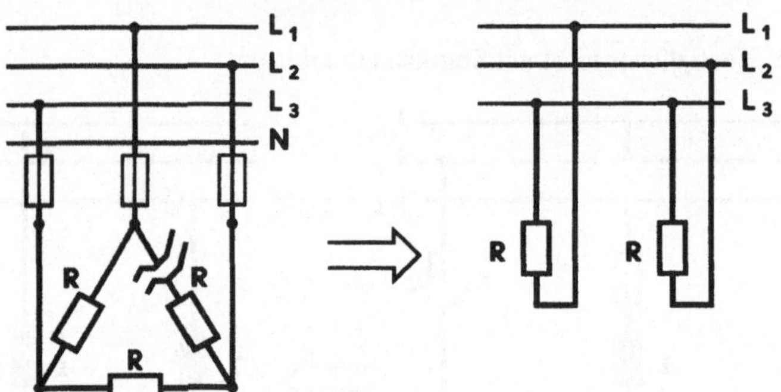


Die beiden intakten Verbraucherstränge liegen jeweils zwischen zwei Außenleitern.

$$R = \frac{U_\Delta}{I_{St}} = \frac{400\,V}{6{,}25\,A}, \qquad \underline{\underline{R = 64\,\Omega}},$$

$$P_1 = 2\frac{U_\Delta^2}{R} = 2 \cdot \frac{400^2\,V^2}{64\,\Omega}, \qquad \underline{\underline{P_1 = 5000\,W}}.$$

Auch ohne Rechnung kann man sofort sehen, daß die Leistung bei Ausfall eines Verbraucherstrangs 2/3 der Gesamtleistung betragen muß.

5.9.4    **Gesucht:**   $P_2 = ?$.

      **Lösungsweg:** Man zeichnet die Schaltung ohne die ausgefallene Verbindung und wendet Formel 4.9 auf diese Schaltung an.

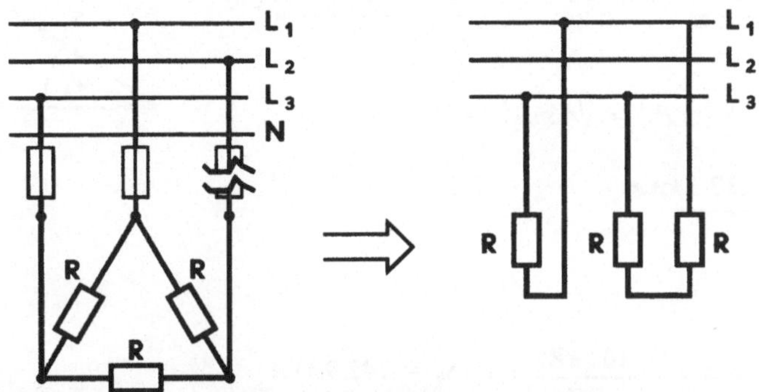

Ein Verbraucherstrang liegt direkt zwischen zwei Außenleitern, die beiden anderen liegen in Reihe geschaltet zwischen zwei Außenleitern.

$$P_2 = \frac{U_\Delta^2}{R} + \frac{U_\Delta^2}{2R} = \frac{400^2\, V^2}{64\, \Omega} + \frac{400^2\, V^2}{2\cdot 64\, \Omega}\,, \qquad \underline{\underline{P_2 = 3{,}75\, kW}}.$$

## 5.10    Drehstromnetz einer Maschinenhalle

**Gegeben:**   U = 400/230 V, f = 50 Hz, $P_1$ = 400 kW, cos $\varphi_1$ = 0,86.

5.10.1   **Gesucht:**   I = ?.

      **Lösungsweg:** Anwenden von Formel 5.6.

$$P_1 = \sqrt{3}\, U_\Delta\, I \cos\varphi_1\,, \qquad I = \frac{P_1}{\sqrt{3}\, U_\Delta \cos\varphi_1} = \frac{400\, kW}{\sqrt{3}\cdot 400\, V \cdot 0{,}86}\,,$$

$$\underline{\underline{I = 671{,}3\, A}}.$$

5.10.2   **Gegeben:**   $P_2$ = 100 kW, cos $\varphi_2$ = 0,7.

      **Gesucht:**   cos $\varphi_{ges}$ = ?.

      **Lösungsweg:**

a) Berechnen von Schein- und Blindleistung des Verbrauchers 1.

b) Berechnen von Schein- und Blindleistung des Verbrauchers 2.

c) Addieren der Wirk- und der Blindleistungen der beiden Verbraucher (die Scheinleistungen dürfen nicht algebraisch addiert werden!). Berechnen der Gesamtscheinleistung nach Formel 4.7.

d) Berechnen des cos $\varphi_{ges}$ nach Formel 4.9.

148

zu a)

$$S_1 = \frac{P_1}{\cos\varphi_1} = \frac{400\,kW}{0,86}\,, \qquad \underline{S_1 = 465,1\,kVA}\,,$$

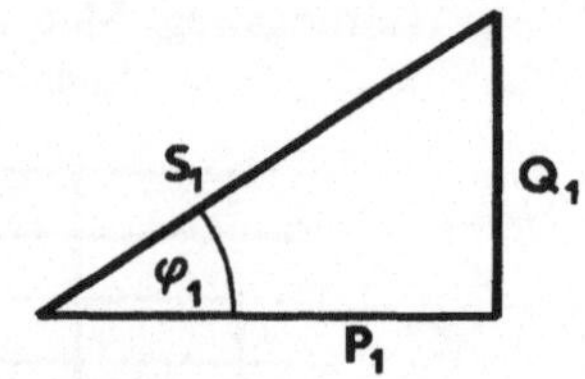

$$Q_1 = \sqrt{S_1^{\,2} - P_1^{\,2}} = \sqrt{465,1^2 - 400^2}\,kvar\,,$$

$$\underline{Q_1 = 237,3\,kvar}\,.$$

zu b)

$$S_2 = \frac{P_2}{\cos\varphi_2} = \frac{100\,kW}{0,7}\,, \qquad \underline{S_2 = 142,9\,kVA}\,,$$

$$Q_2 = \sqrt{S_2^{\,2} - P_2^{\,2}} = \sqrt{142,9^2 - 100^2}\,kvar\,, \qquad \underline{Q_2 = 102,1\,kvar}\,.$$

zu c)

$$P_{ges} = P_1 + P_2 = (400 + 100)\,kW\,,$$

$$\underline{P_{ges} = 500\,kW}\,,$$

$$Q_{ges} = Q_1 + Q_2 = (237,3 + 102,1)\,kvar\,,$$

$$\underline{Q_{ges} = 339,4\,kvar}\,,$$

$$S_{ges} = \sqrt{P_{ges}^{\,2} + Q_{ges}^{\,2}} = \sqrt{500^2 + 339,4^2}\,kVA\,,$$

$$\underline{S_{ges} = 604,3\,kVA}\,.$$

zu d)

$$\cos\varphi_{ges} = \frac{P_{ges}}{S_{ges}} = \frac{500\,kW}{604,3\,kVA}\,, \qquad \underline{\underline{\cos\varphi_{ges} = 0,8274}}\,.$$

5.10.3   **Gegeben:** $\cos \varphi = 0{,}9$.

       **Gesucht:** $C = ?$.

       **Lösungsweg:**

a) Berechnen der neuen Blindleistung Q (nach der Kompensation), die bei der Gesamtwirkleistung $P_{ges} = 500$ kW einem $\cos \varphi = 0{,}9$ entspricht.

b) Berechnen der Differenz $Q_C = Q_{ges} - Q$; dies ist die Blindleistung, die von den drei Kondensatoren aufgenommen werden muß.

c) Berechnen der Werte der Kompensationskondensatoren.

zu a)

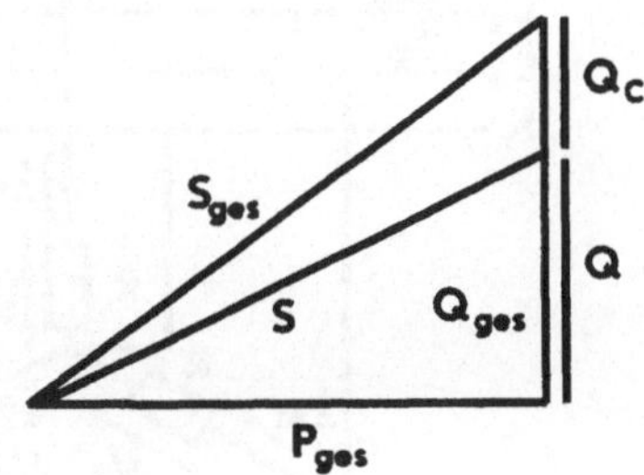


$$S = \frac{P_{ges}}{\cos\varphi} = \frac{500\,kW}{0{,}9}\;,$$

$$\underline{S = 555{,}6\,kVA}\;,$$

$$Q = \sqrt{S^2 - P_{ges}^2} = \sqrt{555{,}6^2 - 500^2}\;kvar\;,$$

$$\underline{Q = 242{,}3\,kvar}\;.$$

zu b)

$$Q_C = Q_{ges} - Q = (339{,}4 - 242{,}3)\,kvar\;, \qquad \underline{Q_C = 97{,}10\,kvar}\;.$$

zu c)

$$\frac{Q_C}{3} = \frac{U_\Delta^2}{X_C} = U_\Delta^2 \cdot 2\pi f C\;,$$

$$C = \frac{Q_C}{3\,U_\Delta^2\,\omega} = \frac{97{,}1\,kVA}{3 \cdot 400^2\,V^2 \cdot 2\pi \cdot 50\,s^{-1}}\;, \qquad \underline{C = 643{,}9\,\mu F}\;.$$

5.10.4   **Gesucht:** Schaltungsart der Kompensationsschaltung für höhere Spannungsfestigkeit.

In Dreieckschaltung liegen die Kondensatoren an $U_\Delta$, in Sternschaltung an $U_Y$. Die Spannungsfestigkeit muß in Dreieckschaltung um den Faktor $\sqrt{3}$ höher sein.

### 5.11 Verbraucher in Stern- und Dreieckschaltung

**Gegeben:** U = 400/230 V, f = 50 Hz, $S_1$ = 55 kVA, cos $\varphi_1$ = 0,85 (induktiv), $P_2$ = 33 kW.

5.11.1

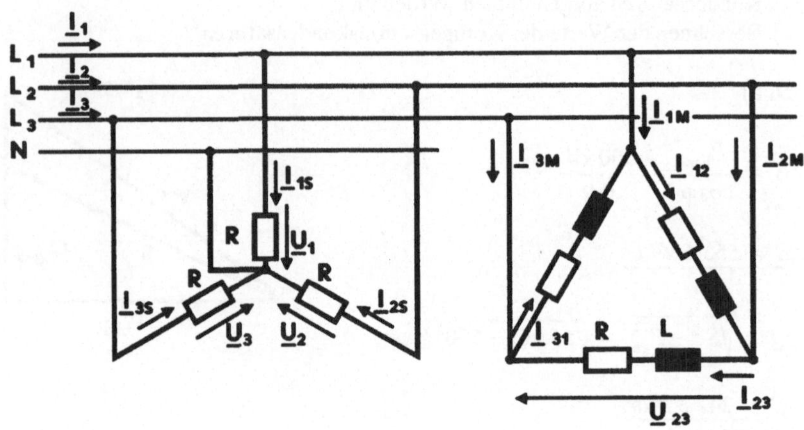



Verbraucher 2                              Verbraucher 1

5.11.2  **Gesucht:**   S = ?, P = ?, Q = ?.
**Lösungsweg:**

a)   Berechnen der Wirkleistung $P_1$ und der Blindleistung $Q_1$ (Formeln 4.8, 4.9 und 4.7).

b)   Berechnen der Gesamtwirkleistung P und der Gesamtblindleistung Q (die Scheinleistungen der Verbraucher dürfen nicht algebraisch addiert werden!).

c)   Berechnen der Scheinleistung S nach Formel 4.7.

zu a)

$$P_1 = S_1 \cos\varphi_1 = 55\,kVA \cdot 0,85\,, \qquad \underline{P_1 = 46,75\,kW}\,,$$

$$Q_1 = \sqrt{S_1^2 - P_1^2} = \sqrt{55^2 - 46,75^2}\,kvar\,, \qquad \underline{Q_1 = 28,97\,kvar}\,.$$

zu b)

$$P = P_1 + P_2 = 46,75\,kW + 33\,kW\,, \qquad \underline{P = 79,75\,kW}\,.$$

$$\underline{\underline{Q = Q_1 = 28,97\,kvar}}\,.$$

zu c)

$$S = \sqrt{P^2 + Q_1^2} = \sqrt{79{,}75^2 + 28{,}97^2}\,kVA\,, \qquad \underline{S = 84{,}85\,kVA}\,.$$

**5.11.3 Gesucht:** $I = ?$.

**Lösungsweg:** Obwohl die beiden Verbraucher unterschiedlich geschaltet sind, darf man doch zur Berechnung der Ströme ihre Wirk- und Blindleistungen addieren. Dann wendet man Formel 5.6 an.

$$S = \sqrt{3}\,U_\Delta I\,, \qquad I = \frac{S}{\sqrt{3}\,U_\Delta} = \frac{84{,}85\,kVA}{\sqrt{3}\cdot 400\,V}\,, \qquad \underline{I = 122{,}0\,A}\,.$$

**5.11.4 Gesucht:** Zeigerdiagramm.

Verbraucher 1:

$$I_{St} = \frac{S_1}{3\,U_\Delta} = \frac{55\,kVA}{3\cdot 400\,V}\,,$$

$$\underline{I_{st} = 45{,}83\,A}\,.$$

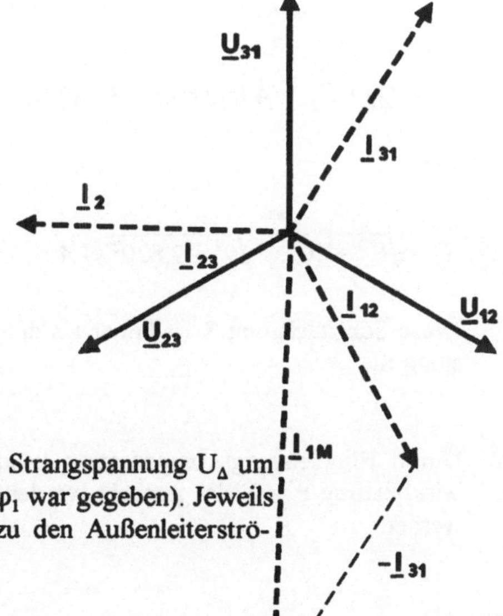


Dieser Strom $I_{St}$ eilt der jeweiligen Strangspannung $U_\Delta$ um den Winkel $\varphi_1 = 31{,}79°$ nach ($\cos\varphi_1$ war gegeben). Jeweils zwei dieser Strangströme tragen zu den Außenleiterströmen bei, z.B.:

$$\underline{I}_{1M} = \underline{I}_{12} - \underline{I}_{31}\,.$$

Verbraucher 2:

$$P = 3\,U_Y I_S\,, \qquad I_S = \frac{P}{3\,U_Y} = \frac{33\,kW}{3\cdot 230\,V}\,, \qquad \underline{I_S = 47{,}82\,A}\,.$$

Diese Ströme sind in Phase mit den zugehörigen Strangspannungen $\underline{U}_Y$. Der unter 5.11.3 errechnete Außenleiterstrom $I$ könnte auch durch Addition zweier Stromzeiger (z.B. $\underline{I}_1 = \underline{I}_{S1} + \underline{I}_{1M}$) bestimmt werden.

152

**5.12    Drehstromtransformator**

**Gegeben:**  $P_T = 10$ kVA.

Motor 1:    $P_1 = 5$ kW, $\cos\varphi = 0{,}8$ (induktiv),

Motor 2:    $P_2 = 4$ kW, $\cos\varphi = 0{,}7$ (induktiv).

5.12.1    **Gesucht:**    Vergleich der Gesamtscheinleistung S der beiden Motoren mit der vom Transformator übertragbaren Scheinleistung $S_T$.

**Lösungsweg:**

a) Addieren der Wirk- und der Blindleistungen der beiden Motoren.

b) Berechnen der Gesamtscheinleistung S nach Formel 4.7.

zu a)

$$Q_1 = P_1 \tan\varphi_1 = 5\,kW \cdot 0{,}75\,, \qquad \underline{Q_1 = 3{,}75\,kvar}\,,$$

$$Q_2 = P_2 \tan\varphi_2 = 4\,kW \cdot 1{,}02\,, \qquad \underline{Q_2 = 4{,}080\,kvar}\,,$$

$$P = P_1 + P_2 = 5\,kW + 4\,kW\,, \qquad \underline{P = 9\,kW}\,,$$

$$Q = Q_1 + Q_2 = 4{,}080\,kvar + 3{,}750\,kvar\,, \qquad \underline{Q = 7{,}830\,kvar}\,.$$

zu b)

$$S = \sqrt{P^2 + Q^2} = \sqrt{9^2 + 7{,}830^2}\,kVA\,, \qquad \underline{S = 11{,}93\,kVA}\,.$$

Diese Scheinleistung S ist höher als die vom Transformator übertragbare Scheinleistung $S_T$.

5.12.2    Durch Blindleistungskompensation kann die Scheinleistung S gleich der Gesamtwirkleistung P = 9 kW gemacht werden. Diese kann vom Transformator übertragen werden.

5.12.3    **Gesucht:**  $C = ?$.

**Lösungsweg:** Anwenden der Formeln 4.5 und 4.10.

$$C = \frac{Q}{3\,U_\Delta^2\,\omega} = \frac{7{,}830\,kvar}{3 \cdot 400^2\,V^2 \cdot 2\pi \cdot 50s^{-1}}\,, \qquad \underline{C = 51{,}92\,\mu F}\,,$$

# Lösungen zu 6 (Nichtlineare Bauelemente)

**6.1**  **Heißleiter**

**Gegeben:**  $R_N = f(\vartheta)$.

**6.1.1**  **Gesucht:**  $\alpha_{50} = ?$.
**Lösungsweg:** Der Temperaturkoeffizient entspricht der Steigung der Kurve im gewünschten Punkt. Zu seiner Ermittlung wird in diesem Punkt eine Tangente an die Kurve gelegt und ihre Steigung bestimmt.

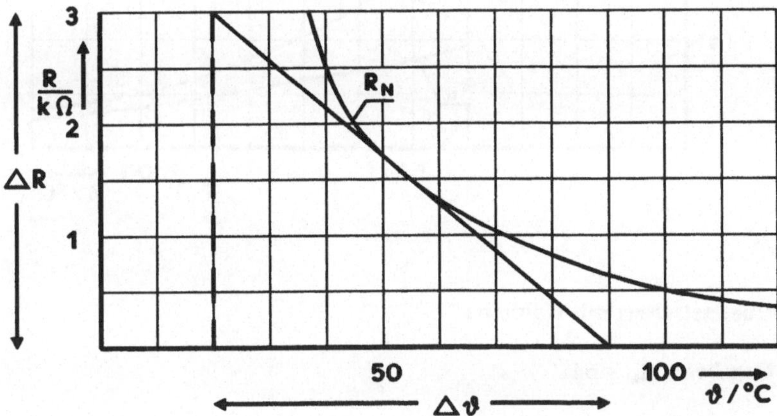


Aus der Zeichnung entnimmt man:

$$\alpha_{50} = \frac{\Delta R}{R_{50}\,\Delta\vartheta} \approx \frac{3\,k\Omega}{1{,}7k\Omega \cdot 70K}\,, \qquad \underline{\underline{\alpha_{50} \approx 2{,}5 \cdot 10^{-2}\,K^{-1}}}.$$

**6.1.2**  **Gegeben:**  $R = 1{,}5\,k\Omega$.
**Gesucht:**  $R_G = f(\vartheta)$.
**Lösungsweg:** Anwenden von Formel 4.16.

$$R_G = \frac{R\,R_N}{R + R_N}\,, \qquad \underline{\underline{R_G = \frac{1{,}5\,k\Omega \cdot R_N}{1{,}5\,k\Omega + R_N}}}.$$

Daraus ergeben sich folgende ergänzte Tabelle und nachstehend gezeichnetes Diagramm:

154

| T/°C | 40 | 50 | 60 | 70 | 80 | 90 | 100 | 110 | 120 |
|---|---|---|---|---|---|---|---|---|---|
| $R_N$/k$\Omega$ | 2,5 | 1,7 | 1,32 | 1,1 | 0,8 | 0,65 | 0,5 | 0,4 | 0,35 |
| $R_G$/k$\Omega$ | 0,94 | 0,8 | 0,7 | 0,63 | 0,52 | 0,45 | 0,38 | 0,32 | 0,28 |

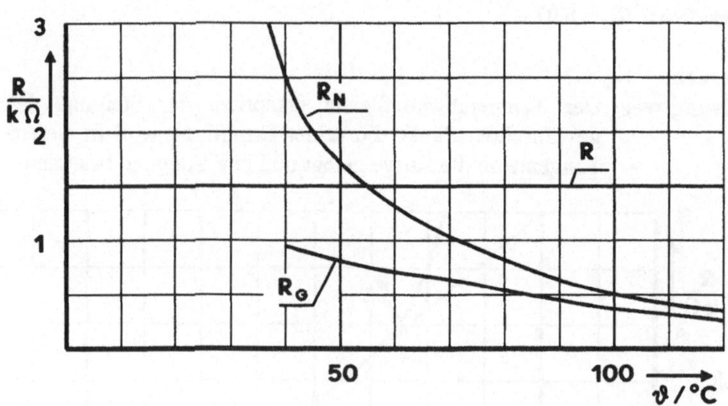


## 6.2 Überlastschutz mit Kaltleiter

**Gegeben:** $R_M = 6\,\Omega$.

**6.2.1 Gegeben:** $U_B = 24$ V, $U_V = f(I)$.
**Lösungsweg:** Aufstellen der Maschengleichung und grafische Lösung dieser Gleichung.

$$U_V = U_B - I R_M.$$

Die Lösung ergibt sich aus dem Schnittpunkt der gezeichneten Kurve mit der Geraden $U_B - I R_M = f(I)$:

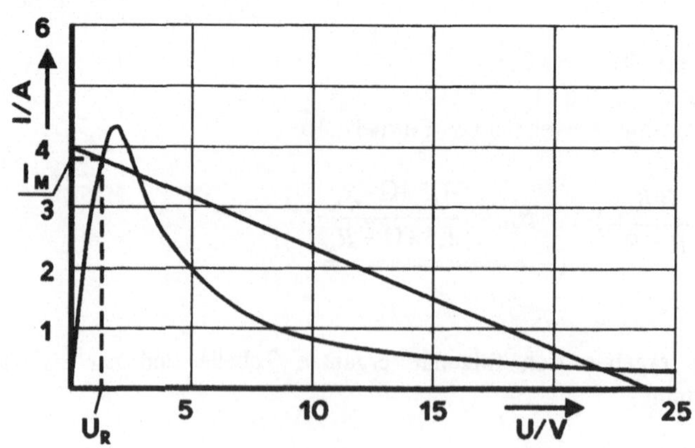

Aus dem Diagramm entnimmt man:

$$\underline{U_M \approx 23\,V}, \qquad \underline{I \approx 4\,A}.$$

Es gibt drei Schnittpunkte der beiden Kennlinien, in der Praxis stellt sich aber der gezeichnete Arbeitspunkt ein, weil zum Erreichen der anderen beiden Arbeitspunkte der PTC-Widerstand so weit aufgeheizt werden müßte, daß das Maximum der Kennlinie überwunden wird.

**6.2.2**    **Gesucht:** $I_K = ?$.
**Lösungsweg:** Bei Kurzschluß des Motors liegt die volle Spannung $U_B$ am Kaltleiter an.

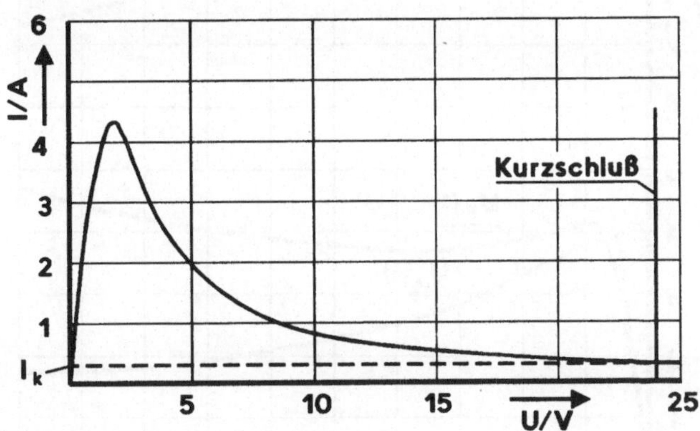


Aus dem Diagramm entnimmt man:

$$\underline{I \approx 0{,}2\,A}.$$

**6.3**    **Stabilisierung einer Versorgungsspannung durch Heißleiter**

**Gegeben:** $R_V = 150\,\Omega$, $U_H = f(I)$.

**6.3.1**    **Gesucht:** $U_V = f(I)$.
**Lösungsweg:** Zeichnen der Widerstandsgeraden von $R_V$ und punktweises Addieren dieser Geraden zur gegebenen Kennlinie.

$$U_V = I\,R_V + U_H, \qquad \underline{U_V = I \cdot 150\,\Omega + U_H}.$$

$$U_L = U_0 - U_V, \qquad \underline{U_L = 12\,V - U_V}.$$

Damit erhält man die folgende ergänzte Tabelle:

| I/mA | 1 | 2 | 4 | 6 | 8 | 10 | 12 | 14 | 16 | 18 | 20 |
|------|------|------|------|------|------|------|------|------|------|------|------|
| $U_H$/V | 3,8 | 3,8 | 3,3 | 2,8 | 2,5 | 2,3 | 2,1 | 1,95 | 1,8 | 1,75 | 1,7 |
| $U_V$/V | 3,95 | 4,1 | 3,9 | 3,7 | 3,7 | 3,8 | 3,9 | 4,05 | 4,2 | 4,45 | 4,7 |
| $U_L$/V | 8,05 | 7,9 | 8,1 | 8,3 | 8,3 | 8,2 | 8,1 | 7,95 | 7,8 | 7,55 | 7,3 |

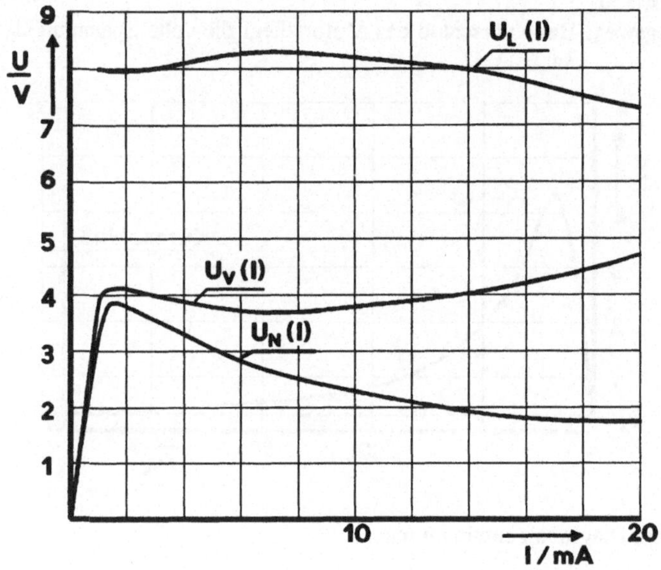


6.3.2   **Gesucht:**   Maximale Abweichung der Spannung $U_L$ von ihrem Mittelwert im Strombereich 2 mA < I < 20 mA.

$$a = \frac{U_{max} - U_{min}}{(U_{max} + U_{min})/2} = \frac{(8,3 - 7,3)\,V}{(8,3 + 7,3)/2\,V} = 0,1282\,,$$

$$\underline{\underline{a = 12,82\%}}\,.$$

## 6.4 Leuchtstofflampe

**Gegeben:** $P = 40\ W$, $I = f(U)$.

### 6.4.1 Gesucht: $I_L = ?$, $U_L = ?$.

**Lösungsweg:** Man zeichnet in das vorgegebene Diagramm den geometrischen Ort aller Punkte ein, für die das Produkt aus Spannung und Strom die geforderte Leistung $P = 40\ W$ ergibt. Wo diese Kurve (Hyperbel) die Lampenkennlinie schneidet, liegt der gesuchte Arbeitspunkt.

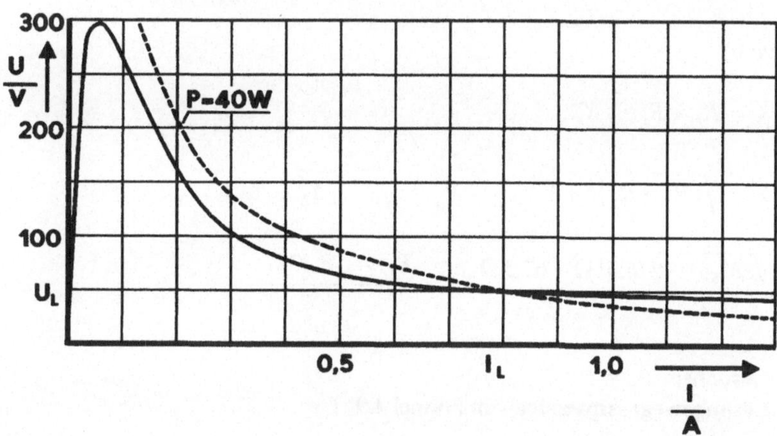


Aus dem Diagramm entnimmt man:

$$I_L \approx 0{,}8\ A, \qquad U_L \approx 50\ V.$$

### 6.4.2 Gesucht: $R_L = ?$.
**Lösungsweg:** Bilden des Quotienten $U_L/I_L$ im Arbeitspunkt.

$$R_L = \frac{U_L}{I_L} = \frac{50\ V}{0{,}8\ A}, \qquad R_L = 62{,}5\ \Omega.$$

Dieser Wert trifft nur für den Arbeitspunkt zu. Durch die starke Nichtlinearität der Lampenkennlinie ergeben sich für andere Punkte der Kennlinie völlig unterschiedliche Werte für den Quotienten $U/I$.

**6.4.3** **Gegeben:** $L_D = 0,88$ H. Daraus folgt: $X_L = \omega L = 276,5\ \Omega$.
**Gesucht:** $R_D = ?$.
**Lösungsweg:**
a) Berechnen der erforderlichen Gesamtimpedanz Z aus der erforderlichen Lampenspannung und dem Lampenstrom.
b) Anwenden von Formel 4.15.

zu a)

$$Z = \frac{U}{I_L} = \frac{230\ V}{0,8\ A}, \qquad \underline{Z = 287,5\ \Omega}.$$

zu b)

$$\underline{Z} = R_D + R_L + j X_L,$$

$$Z = \sqrt{(R_D + R_L)^2 + X_L^2}, \qquad R_D = \sqrt{Z^2 - X_L^2} - R_L,$$

$$\sqrt{287,5^2 - 276,5^2}\ \Omega - 62,5\ \Omega, \qquad \underline{\underline{R_D = 16,27\ \Omega}}.$$

**6.4.4** **Gesucht:** $P_V = ?$.
**Lösungsweg:** Anwenden von Formel 4.9.

$$P_V = I_L^2 R_D = 0,8^2 A^2 \cdot 16,27\ \Omega, \qquad \underline{\underline{P_V = 10,41\ W}}.$$

## 6.5 Ungeregelter Gleichstrom-Nebenschlußgenerator

**Gegeben:** $U_q = f(I_e)$, $R_{iG} = 0,2\ \Omega$, $R_e = 7,8\ \Omega$.

**6.5.1** **Gesucht:** $U_{G0} = ?$.
**Lösungsweg:**
a) Man kann den Generator im Leerlauf als Zusammenschaltung eines aktiven Zweipols ($U_q$) mit einem passiven (Serienschaltung aus $R_{iG}$ und $R_e$) betrachten. Die Kennlinie des passiven Zweipols bildet eine Gerade durch den Ursprung mit der Steigung $\Delta U/\Delta I = R_{iG} + R_e$, die des aktiven Zweipols ist die gegebene Kurve. Der Arbeitspunkt im Leerlauf liegt im Schnittpunkt der beiden Kennlinien.

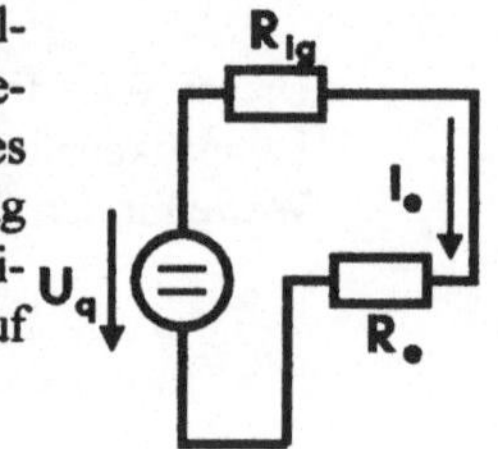

b) Berechnen von $U_{G0}$ nach Formel 4.3.

zu a)

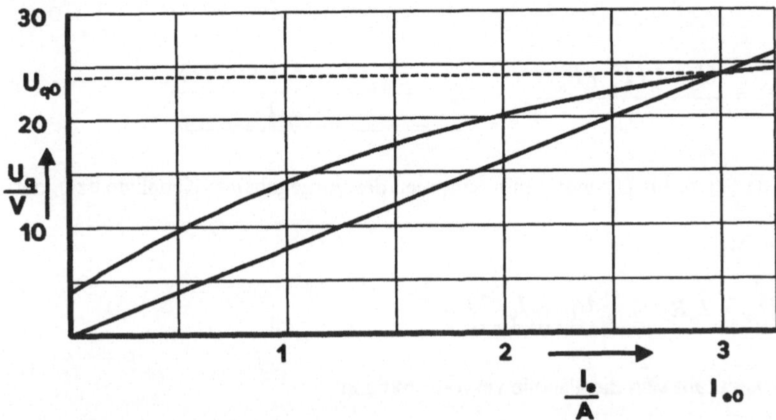



Aus dem Diagramm entnimmt man:

$$\underline{U_{q0} \approx 24\,V}, \qquad \underline{I_{e0} \approx 3\,A}.$$

zu b)

$$U_{G0} = I_{e0}\,R_e = 3A \cdot 7,8\,\Omega, \qquad \underline{\underline{U_{G0} = 23,4\,V}},$$

oder

$$U_{G0} = U_q - I_{e0}\,R_{iG} = 24V - 3A \cdot 0,2\,\Omega, \qquad \underline{\underline{U_{G0} = 23,4\,V}}.$$

6.5.2 **Gesucht:** $I_a = f(I_e, U_q)$, $U_G = f(I_e, U_q, I_a)$.
**Lösungsweg:**
a) Zeichnen eines Ersatzschaltbildes und Aufstellen einer Beziehung zwischen $I_a$, $I_e$ und $U_q$ durch Anwenden der Kirchhoffschen Regeln und des Ohmschen Gesetzes (Formeln 4.13, 4.14 und 4.3).
b) Herstellen einer Beziehung zwischen $U_G$ und $I_e$ durch Anwenden des Ohmschen Gesetzes (Formel 4.3).

zu a)

$$I_a = I_G - I_e, \qquad I_G = \frac{U_q - U_G}{R_{iG}},$$

$$U_G = I_e R_e,$$

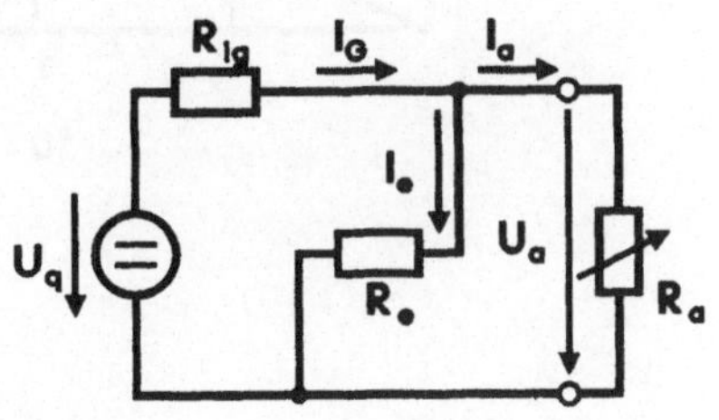

160

$$I_a = \frac{U_q - I_e R_e}{R_{iG}} - I_e,$$

$$I_a = \frac{U_q - I_e(R_e + R_{iG})}{R_{iG}}, \qquad I_a = \frac{U_q - I_e(7{,}8\,\Omega + 0{,}2\,\Omega)}{0{,}2\,\Omega}.$$

Die Werte für $U_q$ und $I_e$ entnimmt man der vorgegebenen Kennlinie bzw. der Tabelle.

zu b)

$$U_G = I_e R_e, \qquad U_G = I_e \cdot 7{,}8\,\Omega.$$

Damit läßt sich die Tabelle vervollständigen:

| $I_e$/A | 0 | 0,4 | 0,6 | 0,8 | 0,9 | 1 | 1,2 | 1,6 | 2,2 | 3 |
|---------|---|-----|-----|-----|-----|---|-----|-----|-----|---|
| $U_q$/V | 4 | 8,67 | 10,67 | 12,49 | 13,32 | 14,13 | 15,61 | 18,17 | 21,17 | 24 |
| $I_a$/A | 20 | 27,35 | 29,35 | 30,45 | 30,6 | 30,65 | 30,05 | 26,85 | 17,85 | 0 |
| $U_G$/V | 0 | 3,12 | 4,68 | 6,24 | 7,02 | 7,8 | 9,36 | 12,48 | 17,16 | 23,4 |

6.5.3   **Gesucht:**   $U_q = f(I_a)$, $U_G = f(I_a)$.

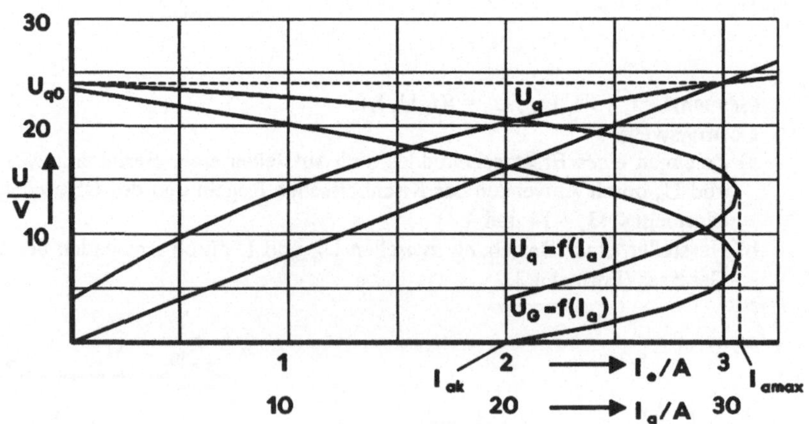

**6.5.4**  **Gesucht:** $I_{amax} = ?$.
**Lösungsweg:** Ablesen aus dem Diagramm.

$$\underline{\underline{I_{amax} \approx 30,7\,A}}.$$

**6.5.5**  **Gesucht:** $I_{ak} = ?$.
**Lösungsweg I:**  Ablesen des Wertes aus dem Diagramm.

$$\underline{\underline{I_{ak} \approx 20\,A}}.$$

**Lösungsweg II:**  Berechnen aus den Tabellenwerten.

$R_e$ ist durch den Kurzschluß überbrückt, es
fließt kein Erregerstrom $I_e$. Daraus folgt:

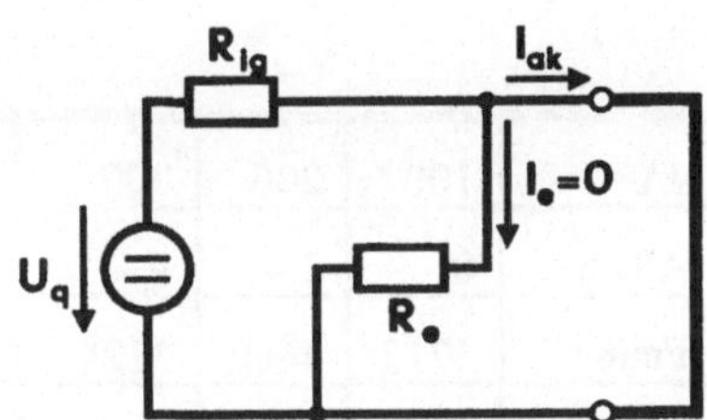


$$\underline{\underline{U_q = 4\,V}},$$

$$I_{ak} = \frac{U_q}{R_{iG}} = \frac{4\,V}{0,2\,\Omega}, \qquad \underline{\underline{I_{ak} = 20\,A}}.$$

**6.6**  **Kfz-Starter**

**Gegeben:**  $M = f(I)$, $n = f(I)$, $U_B = 12\,V$, $R_i = 0,007\,\Omega$, $n_0 = 1200\,min^{-1}$.

**6.6.1**  **Gesucht:**  $I_0 = ?$, $M_0 = ?$.
**Lösungsweg:** Man sucht aus dem Diagramm den bei $n_0$ fließenden Strom $I_0$ und dann
das bei diesem Strom auftretende Drehmoment $M_0$.

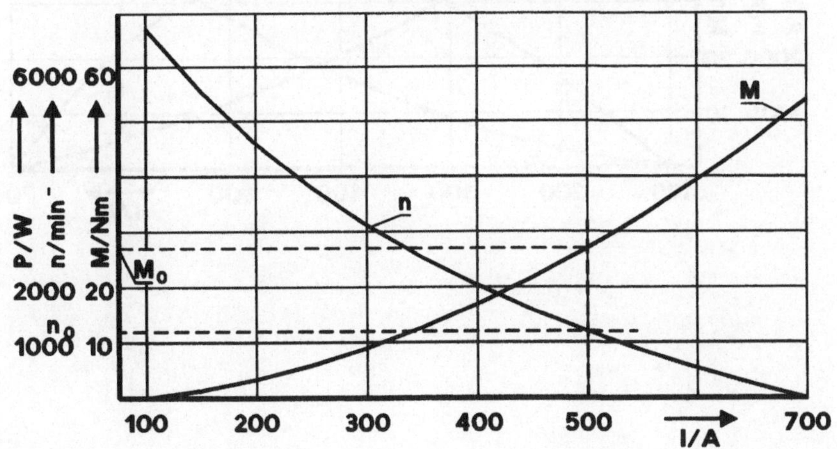

Aus dem Diagramm:

$$I_0 \approx 500\,A\,, \qquad M_0 \approx 27\,Nm\,.$$

**6.6.2  Gesucht:** $P_S = f(I)$.
**Lösungsweg:** Anwenden der Formel $P = M\omega$.

$$P_S = M\omega = M \cdot 2\pi\,\frac{n}{60}\,.$$

Damit ergibt sich folgende ergänzte Tabelle:

| I/A | 100 | 200 | 300 | 350 | 400 | 450 | 500 | 600 | 700 |
|---|---|---|---|---|---|---|---|---|---|
| M/Nm | 0 | 3,4 | 9 | 12,7 | 16,9 | 21,7 | 27 | 39,4 | 5454 |
| $n/min^{-1}$ | 6713 | 4600 | 3124 | 2542 | 2036 | 1592 | 1200 | 538 | 0 |
| P/W | 0 | 1638 | 2944 | 3380 | 3603 | 3618 | 3393 | 2219 | 0 |

Das vollständige Diagramm sieht dann folgendermaßen aus:

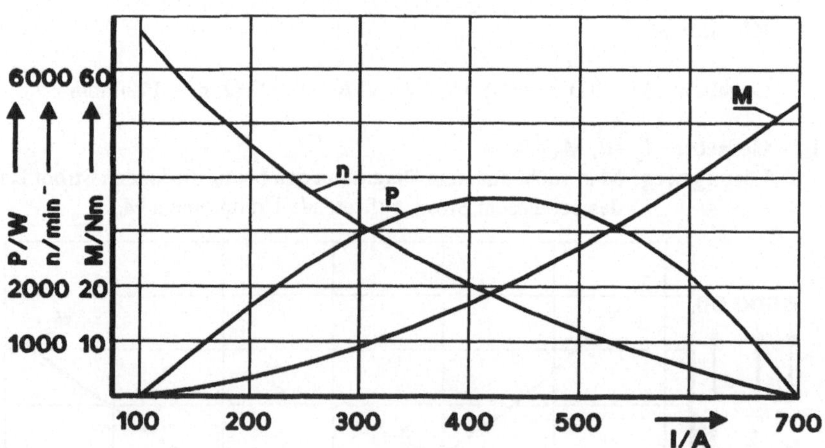

**6.6.3**  **Gesucht:**  $U_B' = ?$.

**Lösungsweg:** Anwenden des ohmschen Gesetzes und der Maschenregel (Formeln 4.3 und 4.14).

$$U_B' = U_B - I_0 R_i = 12V - 500A \cdot 0,007\Omega, \qquad \underline{\underline{U_B' = 8,5V}}.$$

**6.6.4**  **Gesucht:**  $\eta = ?$.

**Lösungsweg:** Der Wirkungsgrad ist der Quotient aus der vom Starter abgegebenen mechanischen Leistung $P_0$ zu der aufgenommenen elektrischen Leistung $P_{el} = U_B'I_0$.

$$\eta = \frac{P_0}{U_B'I_0} = \frac{3393\,W}{8,5\,V \cdot 500\,A}, \qquad \underline{\underline{\eta = 0,7984}}.$$

**6.6.5**  **Gesucht:**  $\eta_{ges} = ?$.

L  $\qquad \eta_{ges}$ ist der Quotient aus der abgegebenen Leistung $P_0$ zu der von der Batterie erzeugten elektrischen Leistung $P_{Batt} = U_B I_0$.

$$\eta_{ges} = \frac{P_0}{U_B I_0} = \frac{3393\,W}{12\,V \cdot 500\,A}, \qquad \underline{\underline{\eta_{ges} = 0,5655}}.$$

## 6.7  Drehstrom-Asynchronmotor

**Gegeben:**  $M = f(n)$, $I = f(n)$.

**6.7.1**  **Gegeben:**  $M_a = 50$ Nm.
**Gesucht:**  $n_a = ?$.
**Lösungsweg:** Man zeichnet die Lastmoment-Kennlinie in das Diagramm ein. Ihr Schnittpunkt mit der Momentenkennlinie des Motors ergibt den Arbeitspunkt. Für die so ermittelte Arbeitsdrehzahl $n_a$ kann man man den Strom $I_a$ ablesen.

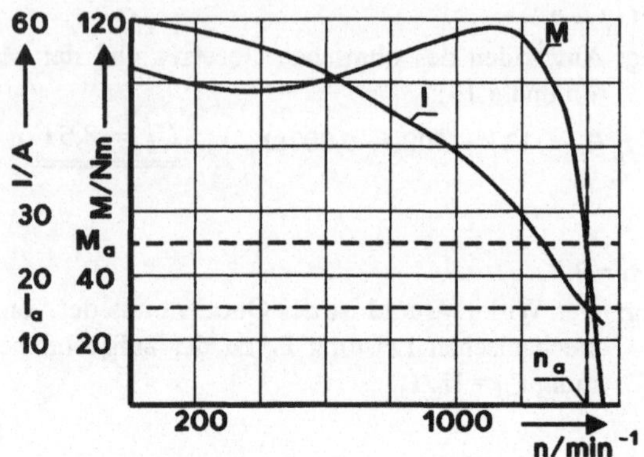


Aus dem Diagramm entnimmt man:

$$n_a \approx 1400\,\text{min}^{-1}, \qquad I_a \approx 15A.$$

6.7.2 **Gesucht:** $\eta_a = ?$.
**Lösungsweg:**
a) Berechnen des $\cos\varphi$ des Motors.
b) Berechnen des Wirkungsgrades $\eta_a$ des Motors als Quotient aus abgegebener mechanischer Leistung zur aufgenommenen elektrischen Wirkleistung.

zu a)

$$\cos\varphi = \cos(30°), \qquad \underline{\cos\varphi = 0{,}8660}.$$

zu b)

$$\eta_a = \frac{M_a\,\omega_a}{\sqrt{3}\,U\,I_a\,\cos\varphi_a} = \frac{50\,Nm \cdot 2\pi \cdot \dfrac{1400}{60}\,s^{-1}}{\sqrt{3}\cdot 400V \cdot 15A \cdot 0{,}8660},$$

$$\underline{\underline{\eta_a = 0{,}815}}.$$

# Anhang A: Formelsammlung

| **Mittelwerte von Wechselgrößen** | | **Nr.:** |
|---|---|---|
| | 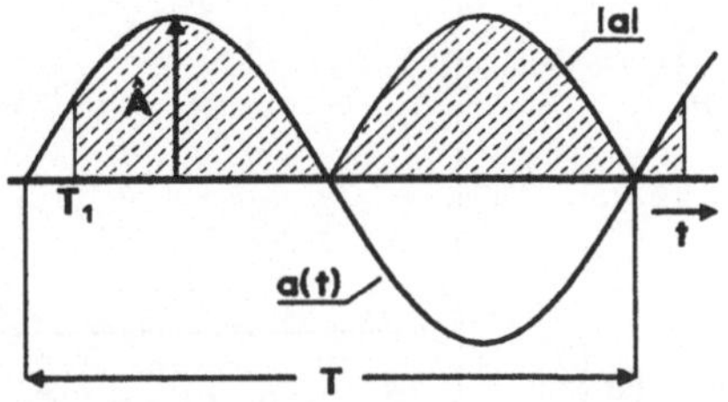 | |
| **arithmetischer Mittelwert** $\overline{a}$ | $\overline{a} = \frac{1}{T} \int_{T_1}^{T_1+T} a(t)\, dt$ | 1.1 |
| **Gleichrichtwert** $\overline{\lvert a \rvert}$ | $\overline{\lvert a \rvert} = \frac{1}{T} \int_{T_1}^{T_1+T} \lvert a(t) \rvert\, dt$<br>**für sinusförmige Wechselgrößen:**<br>$\overline{\lvert a \rvert} = \frac{2}{\pi} \hat{A} = 0{,}637\, \hat{A}$ | 1.2 |
| **Quadratischer Mittelwert A (Effektivwert)** | 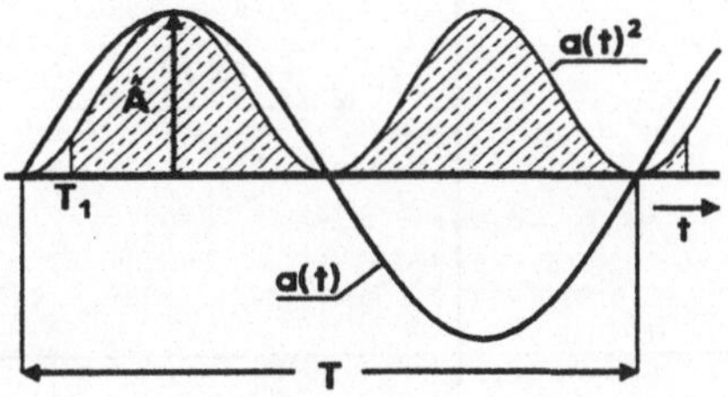 | |
| | $A = \sqrt{\frac{1}{T} \int_{T_1}^{T_1+T} a(t)^2\, dt}$<br>**für sinusförmige Wechselgrößen:**<br>$A = \frac{\hat{A}}{\sqrt{2}} = 0{,}707\, \hat{A}$ | 1.3 |

| Berechnung linearer Bauelemente | | Nr.: |
|---|---|---|
| **Widerstand R** | $R = \dfrac{\varrho\, l}{A} = \dfrac{l}{\kappa A}$ | 2.1 |
| Temperaturabhängigkeit für konstanten Temperaturkoeffizienten $\alpha$ | $R_{T2} = R_{T1}\,(1 + \alpha\,\Delta T)$ <br><br> *mit*:  $\Delta T = T2 - T1$ <br><br> $\alpha > 0$  PTC (Kaltleiter) <br><br> $\alpha < 0$  NTC (Heißleiter) | 2.2 |
| **Kondensatoren** <br> Plattenkondensator | $C = \varepsilon\,\dfrac{A}{d}$ | 2.3 |
| Kugelkondensator | $C = \dfrac{4\pi\varepsilon r_i r_a}{r_a - r_i}$ | 2.4 |
| Zylinderkondensator | $C = \dfrac{2\pi\varepsilon l}{\ln\!\left(\dfrac{r_a}{r_i}\right)}$ | 2.5 |

| **Berechnung linearer Bauelemente** | | Nr.: |
|---|---|---|
| **Induktivitäten**<br>Kreis-Zylinderspule<br>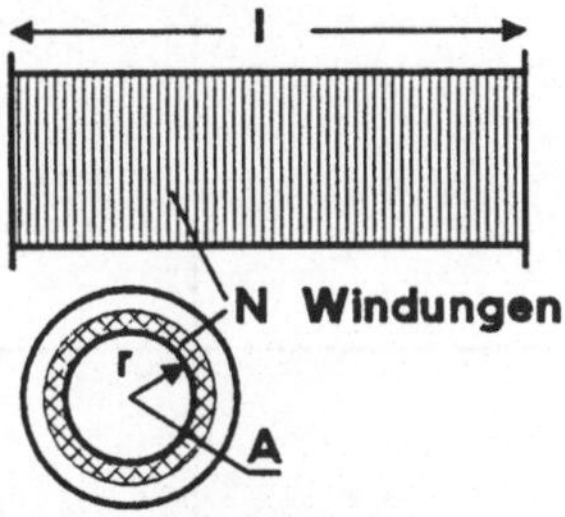l<br>N Windungen<br>r<br>A | $L = \mu N^2 \frac{A}{l}$<br><br>für $l \gg r$ | 2.6 |
| Ringspule (Toroid)<br>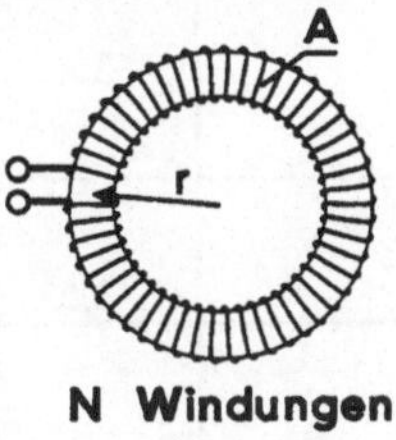A<br>r<br>N Windungen | $L = \mu N^2 \frac{A}{2 \pi r}$ | 2.7 |
| Gerader zylindrischer Leiter<br>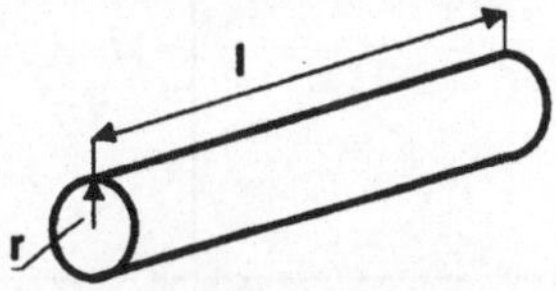l<br>r | $L = \mu \frac{l}{2\pi} (\ln \frac{2l}{r} - \frac{3}{4})$ | 2.8 |
| symmetrische Parallelleitung<br>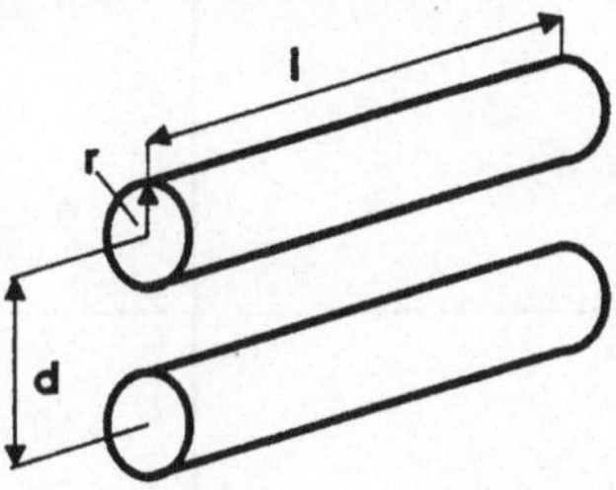l<br>r<br>d | $L \approx \mu \frac{l}{\pi} (\ln \frac{d}{r} + \frac{1}{4})$ | 2.9 |

| Schaltvorgänge | | Nr.: |
|---|---|---|
| **Kondensator**<br>Aufladung 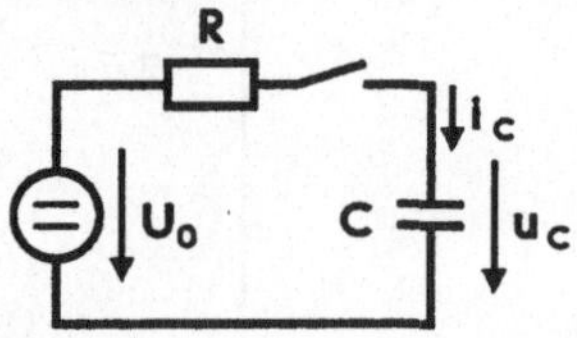 | $u_C = U_0 \left(1 - e^{\frac{-t}{RC}}\right)$ | 3.1 |
| | $i_C = \dfrac{U_0}{R} e^{\frac{-t}{RC}}$ | 3.2 |
| Entladung 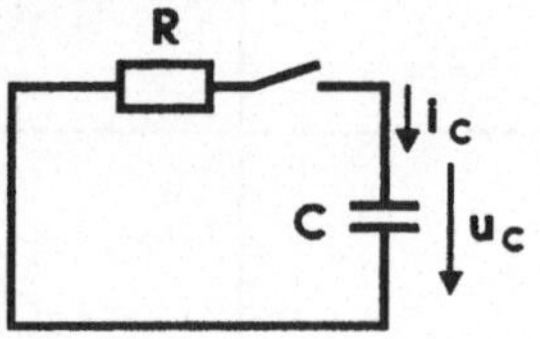 | $u_C = U_0 e^{\frac{-t}{RC}}$ | 3.3 |
| | $i_C = -\dfrac{U_0}{R} e^{\frac{-t}{RC}}$ | 3.4 |
| Zeitkonstante $\tau$ | $\tau = RC$ | 3.5 |
| **Induktivität**<br>Aufladung 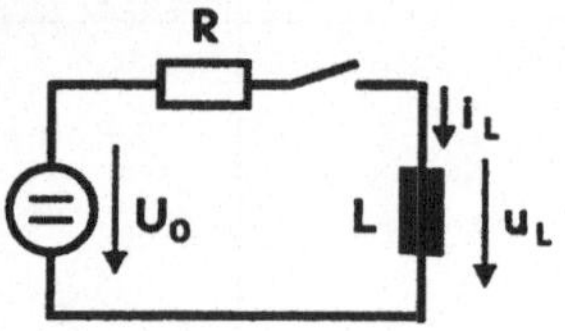 | $i_L = \dfrac{U_0}{R} \left(1 - e^{\frac{-tR}{L}}\right)$ | 3.6 |
| | $u_L = U_0 e^{\frac{-tR}{L}}$ | 3.7 |
| Entladung 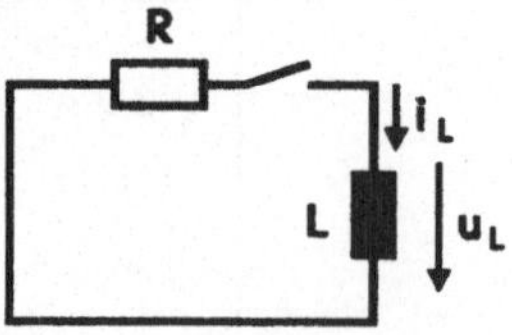 | $i_L = \dfrac{U_0}{R} e^{\frac{-tR}{L}}$ | 3.8 |
| | $u_L = -U_0 e^{\frac{-tR}{L}}$ | 3.9 |
| Zeitkonstante $\tau$ | $\tau = \dfrac{L}{R}$ | 3.10 |

| **Strom und Spannung an Zweipolen** | **Gleichstrom** | **sinusförmiger Wechselstrom** | Nr.: |
|---|---|---|---|
| **Stromstärke i,I** 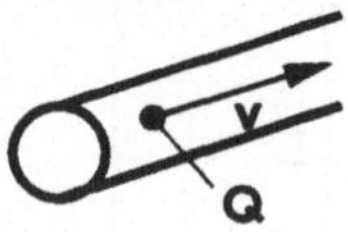  | $I = \frac{Q}{t}$ | $i = \frac{dq}{dt}$ | 4.1 |
| **Stromdichte s,S** | $S = \frac{I}{A}$ | $s = \frac{i}{A}$ für homogene Stromverteilung | 4.2 |
| **passive Zweipole** | | | |
| Ohmscher Widerstand R   | 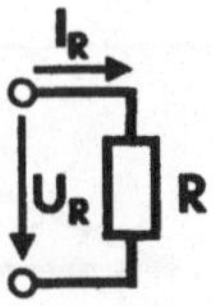  $R = \frac{U_R}{I_R}$ | 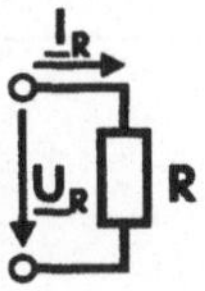  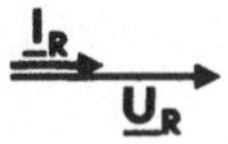  $\underline{Z}_R = R = \frac{\underline{U}_R}{\underline{I}_R}$ | 4.3 |
| Induktivität L   | 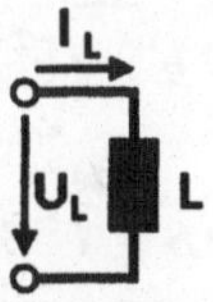  $U_L = 0$ | 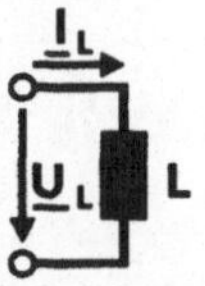  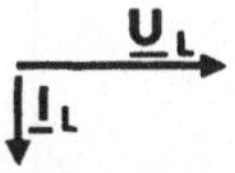  $\underline{Z}_L = \frac{\underline{U}_L}{\underline{I}_L} = j\omega L = jX_L$ | 4.4 |
| Kapazität C 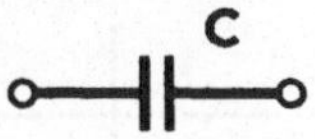  | 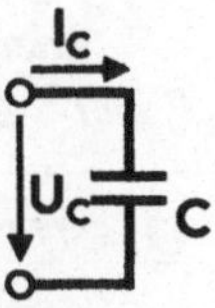  $I_C = 0$ | 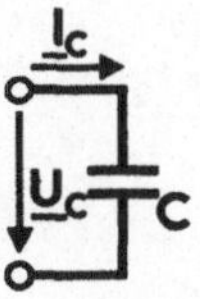  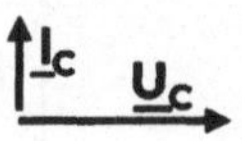  $\underline{Z}_C = \frac{\underline{U}_C}{\underline{I}_C} = -j\frac{1}{\omega C} = -jX_C$ | 4.5 |

| Strom und Spannung an Zweipolen | Gleichstrom | sinusförmiger Wechselstrom | Nr.: |
|---|---|---|---|
| **aktive Zweipole** | $U_q = I_K R_i$ | $\underline{U}_q = \underline{I}_K \underline{Z}_i$ | 4.6 |
| **Leistung** | | $S^2 = P^2 + Q^2$ | 4.7 |
| Scheinleistung S | | $S = U I$<br>oder<br>$S = \dfrac{U^2}{Z}$<br>oder<br>$S = I^2 Z$ | 4.8 |
| Wirkleistung P | $P = U I$<br>oder<br>$P = \dfrac{U^2}{R}$<br>oder<br>$P = I^2 R$ | $P = U I \cos\varphi$<br>oder<br>$P = \dfrac{U^2}{Z}\cos\varphi$<br>oder<br>$P = I^2 Z \cos\varphi$ | 4.9 |
| Blindleistung Q | | $Q = U I \sin\varphi$<br>oder<br>$Q = \dfrac{U^2}{Z}\sin\varphi$<br>oder<br>$Q = I^2 Z \sin\varphi$ | 4.10 |

| Strom und Spannung an Zweipolen | Gleichstrom | sinusförmiger Wechselstrom | Nr.: |
|---|---|---|---|
| Energie | $W = U\,I\,t$<br><br>oder<br><br>$W = \dfrac{U^2}{R}\,t$<br><br>oder<br><br>$W = I^2 R\,t$ | $W = U\,I\,t\,\cos\varphi$<br><br>oder<br><br>$W = \dfrac{U^2}{Z}\,t\,\cos\varphi$<br><br>oder<br><br>$W = I^2 Z\,t\,\cos\varphi$ | 4.11 |
| Anpassung $\alpha$, Wirkungsgrad $\eta$ und Reflexionsfaktor $\underline{r}$ | 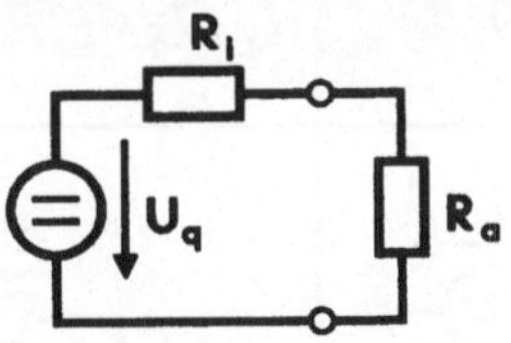 $\alpha = \dfrac{R_a}{R_i}$<br><br>$\eta = \dfrac{\alpha}{1+\alpha}$<br><br>Leistungsanpassung für $\alpha = 1$ | 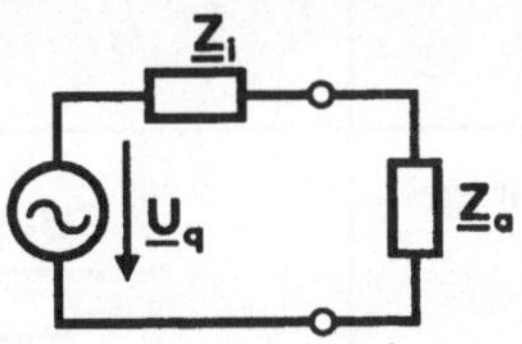 $\underline{r} = \dfrac{\underline{Z}_a - \underline{Z}_i}{\underline{Z}_a + \underline{Z}_i}$<br><br>Wirkleistungsanpassung für<br><br>$\underline{Z}_i = \underline{Z}_a^{\,*}$ | 4.12 |

| Stromkreis-berechnungen | Gleichstrom | sinusförmiger Wechselstrom | Nr.: |
|---|---|---|---|
| **Knotenregel** | 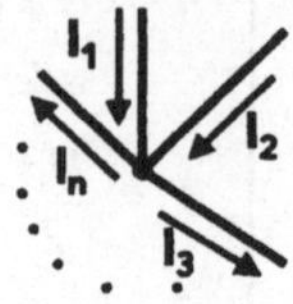 $$\sum_{i=1}^{n} I_i = 0$$ *oder* $$I_1 + I_2 - I_3 \dots - I_n = 0$$ | 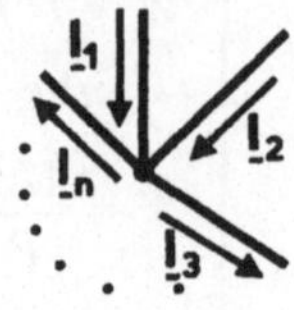 $$\sum_{i=1}^{n} \underline{I}_i = 0$$ *oder* $$\underline{I}_1 + \underline{I}_2 - \underline{I}_3 \dots - \underline{I}_n = 0$$ | 4.13 |
| **Maschenregel** | 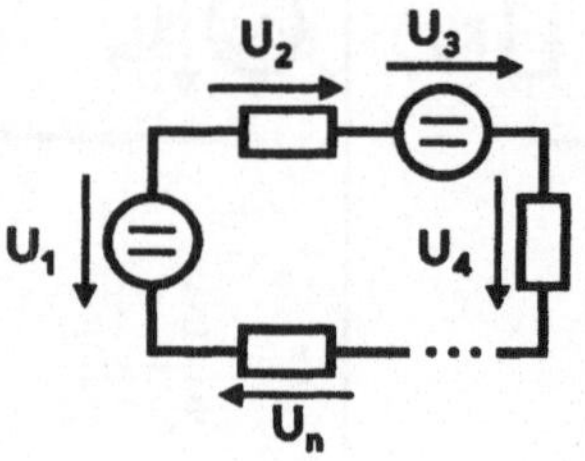 $$\sum_{i=1}^{n} U_i = 0$$ *oder* $$U_1 - U_2 - U_3 \dots - U_n = 0$$ | 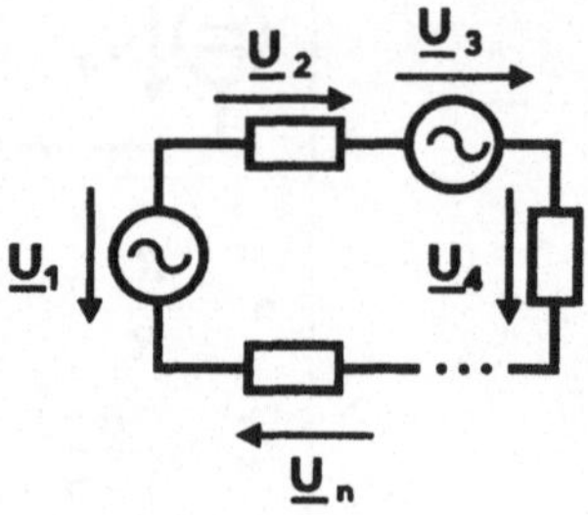 $$\sum_{i=1}^{n} \underline{U}_i = 0$$ *oder* $$\underline{U}_1 - \underline{U}_2 - \underline{U}_3 \dots - \underline{U}_n = 0$$ | 4.14 |

| Strom-kreisber. | Gleichstrom | sinusförmiger Wechselstrom | Nr.: |
|---|---|---|---|

**Zusammenschaltung passiver Verbraucher**

**Seriell**

$$R_{ges} = \sum_{i=1}^{n} R_i$$
$$oder$$
$$R_{ges} = R_1 + R_2 + R_3 \ldots + R_n$$

$$\underline{Z}_{ges} = \sum_{i=1}^{n} \underline{Z}_i$$
$$oder$$
$$\underline{Z}_{ges} = \underline{Z}_1 + \underline{Z}_2 \ldots + \underline{Z}_n$$

4.15

**Parallel**

$$G_{ges} = \frac{1}{R_{ges}} = \sum_{i=1}^{n} \frac{1}{R_i}$$
$$oder$$
$$G_{ges} = \frac{1}{R_1} + \frac{1}{R_2} \ldots + \frac{1}{R_n}$$

$$\underline{Y}_{ges} = \frac{1}{\underline{Z}_{ges}} = \sum_{i=1}^{n} \frac{1}{\underline{Z}_i}$$
$$oder$$
$$\underline{Y}_{ges} = \frac{1}{\underline{Z}_1} + \frac{1}{\underline{Z}_2} \ldots + \frac{1}{\underline{Z}_n}$$

4.16

**Spannungsteiler**

$$\frac{U_1}{R_1} = \frac{U_2}{R_2} = \frac{U_{ges}}{R_{ges}}$$

$$\frac{\underline{U}_1}{\underline{Z}_1} = \frac{\underline{U}_2}{\underline{Z}_2} = \frac{\underline{U}_{ges}}{\underline{Z}_{ges}}$$

4.17

**Stromteiler**

$$\frac{I_1}{G_1} = \frac{I_2}{G_2} = \frac{I_{ges}}{G_{ges}}$$

$$\frac{\underline{I}_1}{\underline{Y}_1} = \frac{\underline{I}_2}{\underline{Y}_2} = \frac{\underline{I}_{ges}}{\underline{Y}_{ges}}$$

4.18

| Stromkreisberechnungen | | Nr.: |
|---|---|---|
| **Allgemeines Ohmsches Gesetz** | $\underline{Z}_{ges} = \dfrac{\underline{U}}{\underline{I}}$ | 4.19 |

| Drehstrom | | Nr.: |
|---|---|---|
| **Drehstromnetz** <br> $I_1$, $I_2$, $I_3$ = Außenleiterstrom I <br><br> $U_1$, $U_2$, $U_3$ = Sternspannung $U_Y$ <br><br> $U_{12}$, $U_{23}$, $U_{31}$ = Dreieckspannung $U_\Delta$ <br><br> $I_N$ = Neutralleiterstrom | $U_\Delta = \sqrt{3}\, U_Y$ | 5.1 |
| **Verbraucher in Sternschaltung** <br><br> $I_1$, $I_2$, $I_3$ = Strangstrom $I_{St}$ <br><br> $U_1$, $U_2$, $U_3$ = Strangspannung $U_{St}$ <br><br> $I_N$ = Neutralleiterstrom | $I_{St} = I$ <br><br> $U_{St} = U_Y = \dfrac{1}{\sqrt{3}}\, U_\Delta$ | 5.2 <br><br> 5.3 |

| Drehstrom | | Nr.: |
|---|---|---|
| **Verbraucher in Dreieckschaltung**<br><br>$I_{12}$, $I_{23}$, $I_{31}$ = Strang-ströme $I_{St}$<br><br>$U_{12}$, $U_{23}$, $U_{31}$ = Strang-spannung $U_{St}$ | | |
| | $$I_{St} = \frac{U_\Delta}{Z} = \frac{I}{\sqrt{3}}$$ | 5.4 |
| | $$U_{St} = U_\Delta = \sqrt{3}\, U_Y$$ | 5.5 |
| **Leistung**<br>allgemein | $$S = 3\, U_{St} I_{St} = \sqrt{3}\, U_\Delta I$$ | 5.6 |
| Sternschaltung | $$S = 3\, \frac{U_\Delta}{\sqrt{3}} I = \sqrt{3}\, U_\Delta I$$ | 5.7 |
| | $$P = 3\, \frac{U_\Delta}{\sqrt{3}} I \cos\varphi = \sqrt{3}\, U_\Delta I \cos\varphi$$ | 5.8 |
| | $$Q = 3\, \frac{U_\Delta}{\sqrt{3}} I \sin\varphi = \sqrt{3}\, U_\Delta I \sin\varphi$$ | 5.9 |

| Drehstrom | | Nr.: |
|---|---|---|
| **Leistung**<br><br>Dreieckschaltung | $S = 3\ U_\Delta I_{St} = \sqrt{3}\ U_\Delta I$ | 5.10 |
| | $P = 3\ U_\Delta I_{St}\ \cos\varphi = \sqrt{3}\ U_\Delta I \cos\varphi$ | 5.11 |
| | $Q = 3\ U_\Delta I_{St}\ \sin\varphi = \sqrt{3}\ U_\Delta I \sin\varphi$ | 5.12 |

| Elektrisches Feld | vektoriell | skalar | Nr.: |
|---|---|---|---|
| **Coulombsche Kraft zwischen zwei Punktladungen** | $\vec{F}_{12} = \dfrac{Q_1\,Q_2}{4\,\pi\,\varepsilon\,r^2}\,\dfrac{\vec{r}}{r}$ | $F_{12} = \dfrac{Q_1\,Q_2}{4\,\pi\,\varepsilon\,r^2}$ | 6.1 |
| **Elektrische Feldstärke** | $\vec{E} = \dfrac{Q}{4\,\pi\,\varepsilon\,r^2}\,\dfrac{\vec{r}}{r}$ | $E = \dfrac{Q}{4\,\pi\,\varepsilon\,r^2}$ | 6.2 |
| **Materialgleichung des elektrischen Feldes** | $\vec{D} = \varepsilon\,\vec{E}$ | $D = \varepsilon\,E$ | 6.3 |
| **Kraft auf Einzelladung im elektrischen Feld** | $\vec{F} = Q\,\vec{E}$ | $F = Q\,E$ | 6.4 |
| **Potential $\varphi$ und Spannung U für homogenes E** | $U = \vec{E}\,\vec{l}$ | $U = E\,l\,\cos\alpha$ | 6.5 |

| Elektrisches Feld | | Nr.: |
|---|---|---|
| **Potential $\varphi$ und Spannung U** | $\varphi = \dfrac{Q}{4\pi\varepsilon r}$ | 6.6 |
| | $U_{12} = \varphi_1 - \varphi_2$ | 6.7 |
| | $U_{12} = \displaystyle\int_{r_1}^{r_2} \vec{E}\,d\vec{r}$ | 6.8 |
| **Kapazität C** | $C = \dfrac{Q}{U}$ | 6.9 |
| **Kondensatorgleichung** | $i = C\,\dfrac{du}{dt} \qquad oder \qquad u = \dfrac{1}{C}\displaystyle\int i\,dt$ | 6.10 |
| **Schaltungen von n Kapazitä-**<br>**ten**<br><br>Parallelschaltung | $C_{ges} = C_1 + C_2 + ... + C_n = \displaystyle\sum_{i=1}^{n} C_i$ | 6.11 |
| Serienschaltung | $\dfrac{1}{C_{ges}} = \dfrac{1}{C_1} + \dfrac{1}{C_2} + ... + \dfrac{1}{C_n} = \displaystyle\sum_{i=1}^{n} \dfrac{1}{C_i}$ | 6.12 |
| **Energieinhalt eines Kondensa-**<br>**tors** | $W_e = \dfrac{1}{2}\,C\,U^2 = \dfrac{1}{2}\,Q\,U = \dfrac{1}{2}\,\dfrac{Q^2}{C}$ | 6.13 |

| Magnetisches Feld | vektoriell | skalar | Nr.: |
|---|---|---|---|
| **Kräfte im Magnetfeld**<br>Lorentz-Kraft | $\vec{F} = Q\,(\,\vec{v} \times \vec{B}\,)$ | $F = Q\,v\,B\,\sin\alpha$ | 7.1 |
| Kraft auf einen stromdurch-<br>flossenen Leiter | $\vec{F} = I\,(\,\vec{l} \times \vec{B}\,)$ | $F = I\,l\,B\,\sin\alpha$ | 7.2 |
| Drehmoment einer strom-<br>durchflossenen Spule | $\vec{M} = N\,I\,(\,\vec{A} \times \vec{B}\,)$ | $M = N\,I\,A\,B\,\sin\alpha$ | 7.3 |
| Kräfte am Luftspalt | | $F = \dfrac{B^2\,A}{2\,\mu_0}$ | 7.4 |

| Magnetisches Feld | vektoriell | skalar | Nr.: |
|---|---|---|---|
| **Magnetische Feldstärke** <br> Feld einer bewegten Punktladung 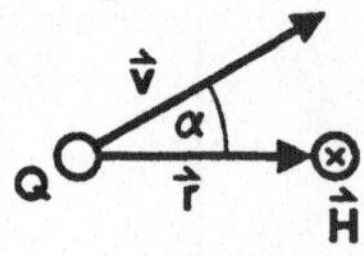 | $\vec{H} = \dfrac{Q}{4\pi r^2}\left(\vec{v}\times\dfrac{\vec{r}}{r}\right)$ | $H = \dfrac{Q}{4\pi r^2}\, v\,\sin\alpha$ | 7.5 |
| Feld eines stromdurchflossenen geraden Leiters 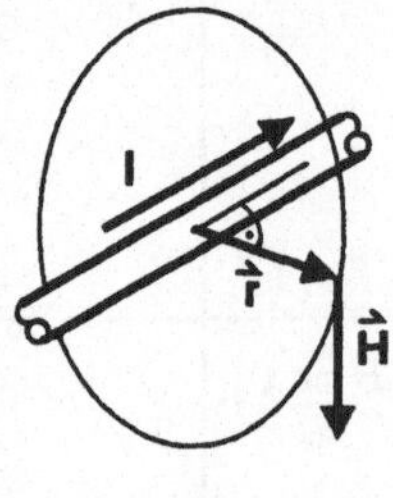 | | $H = \dfrac{I}{2\pi r}$ | 7.6 |
| **Materialgleichung des magnetischen Feldes** | $\vec{B} = \mu\,\vec{H}$ | $B = \mu\,H$ | 7.7 |
| **Durchflutungsgesetz** 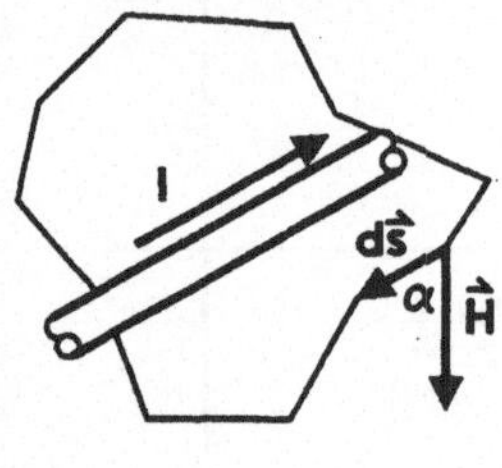 | $\theta = \oint \vec{H}\,d\vec{s} = \sum I$ | $\theta = \oint H\cos\alpha\,ds = \\ = \sum I$ | 7.8 |
| **Durchflutung $\Theta$ einer Spule mit N Windungen** | | $\theta = I\,N$ | 7.9 |

| Magnetisches Feld | vektoriell | skalar | Nr.: |
|---|---|---|---|
| **Durchflutung $\Theta$ im magnetischen Kreis** 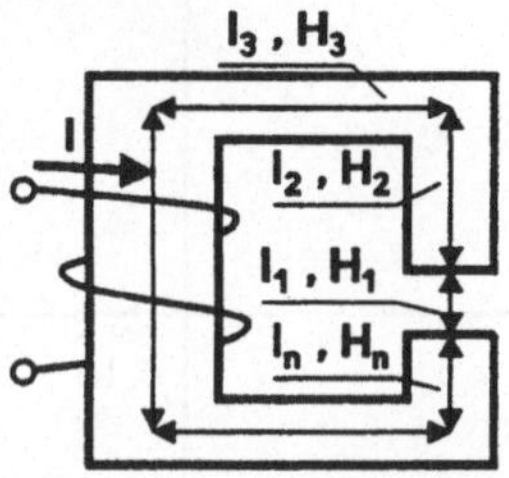 | $\theta = \vec{H}_1\,\vec{l}_1 + \vec{H}_2\,\vec{l}_2 + \dots$ <br> $\dots + \vec{H}_n\,\vec{l}_n$ | $\theta = H_1\,l_1 + H_2\,l_2 + \dots$ <br> $\dots + H_n\,l_n$ | 7.10 |
| **magnetischer Fluß $\Phi$ und magnetische Flußdichte B** 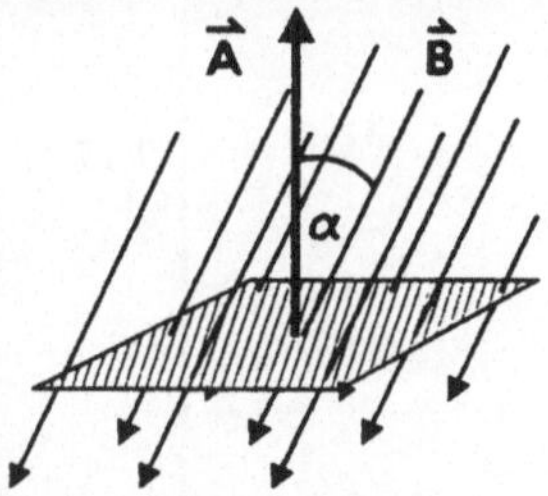 | $\Phi = \vec{B}\,\vec{A}$ | $\Phi = B\,A\,\cos\alpha$ | 7.11 |
| **Induktivität L** | $L = \dfrac{N^2}{R_{mges}}$ | | 7.12 |
| **magnetischer Widerstand $R_m$** | $R_m = \dfrac{l}{A\,\mu_0\,\mu_r}$ | | 7.13 |
| **effektive Luftspaltfläche $A_0$** | $A_0 = A_{Fe}\,(1 + \tau)$ <br><br> $\tau \approx \dfrac{2,5\,l_u\,l_e}{A_{Fe}}$ <br><br> mit: <br> $A_0$ = fiktive Luftspaltfläche <br> $\tau$ = Streufaktor <br> $A_{Fe}$ = Luftspaltfläche <br> $l_e$ = Luftspaltlänge <br> $l_u$ = Luftspaltumfang | | 7.14 |

| Magnetisches Feld | | Nr.: |
|---|---|---|
| **Magnetischer Kreis** | $\Theta = \Phi\, R_m$ | 7.15 |
| **magnetische Energie $W_m$** | $W_m = \dfrac{1}{2} L\, I^2 = \dfrac{1}{2}\, \psi\, I$ <br> oder <br> $W_m = \dfrac{1}{2} B\, H\, V$ | 7.16 |
| **Induktionsgesetz** <br> Fremdinduktion | $u = N\, \dfrac{d\Phi(t)}{dt}$ | 7.17 |
| Selbstinduktion | $u = L\, \dfrac{di}{dt} \quad oder \quad i = \dfrac{1}{L}\int u\, dt$ | 7.18 |
| **Transformatoren** | $\dfrac{\underline{U}_1}{\underline{U}_2} = \dfrac{N_1}{N_2} = \ddot{u}$ | 7.19 |
| | $\dfrac{\underline{I}_1}{\underline{I}_2} = \dfrac{N_2}{N_1} = \dfrac{1}{\ddot{u}}$ | 7.20 |

# Anhang B: Natur- und Materialkonstanten

## Naturkonstanten

| | |
|---|---|
| Dielektrizitätskonstante des Vakuums | $\epsilon_0 = 8{,}854 \cdot 10^{-12}$ As/Vm |
| Permeabilität des Vakuums | $\mu_0 = 4\pi \cdot 10^{-7}$ Vs/Am $= 1.256 \cdot 10^{-6}$ H/m |
| Elementarladung | $|e| = 1{,}602 \cdot 10^{-19}$ As |
| Elektronenmasse | $m_e = 9{,}108 \cdot 10^{-31}$ kg |

## Materialkonstanten

### Spezifischer elektrischer Widerstand $\rho$ und Temperaturkoeffizient $\alpha$ bei 20° C

| Material | $\rho$ in $\Omega$m | $\alpha$ in $K^{-1}$ |
|---|---|---|
| Aluminium | $2{,}6 \cdot 10^{-8}$ | $3{,}8 \cdot 10^{-3}$ |
| Blei | $21 \cdot 10^{-8}$ | $4{,}2 \cdot 10^{-3}$ |
| Eisen | $9{,}8 \cdot 10^{-8}$ | $6{,}6 \cdot 10^{-3}$ |
| Gold | $2{,}04 \cdot 10^{-8}$ | $4{,}0 \cdot 10^{-3}$ |
| Konstantan | $5 \cdot 10^{-7}$ | $-3{,}0 \cdot 10^{-5}$ |
| Kupfer | $1{,}79 \cdot 10^{-8}$ | $3{,}9 \cdot 10^{-3}$ |
| Nickel | $7{,}0 \cdot 10^{-8}$ | $6{,}8 \cdot 10^{-3}$ |
| Platin | $10{,}5 \cdot 10^{-8}$ | $3{,}9 \cdot 10^{-3}$ |
| Silber | $1{,}6 \cdot 10^{-8}$ | $3{,}6 \cdot 10^{-3}$ |
| Zinn | $11 \cdot 10^{-8}$ | $4{,}2 \cdot 10^{-3}$ |

### Relative Dielektrizitätskonstante $\epsilon_r$

| | |
|---|---|
| Bakelit | 3 ... 5 |
| Bernstein | 2,8 |
| Glas | 3 ... 15 |
| Glimmer | 5 ... 8 |
| Hartpapier | 5 |
| Polyäthylen | 2,5 |
| Polystyrol | 2,6 |
| Porzellan | 5,5 ... 6,5 |
| Quarz | 3,8 ... 4,3 |
| Wasser (reinst) | 81,6 |

# Anhang C: Formelzeichen und Einheiten

| Formelzei-chen | Größe | Einheit |
|---|---|---|
| $A$ | Fläche | $m^2$ |
| $a$ | Beschleunigung | $m/s^2$ |
| $B$ | Blindleitwert | $S$ |
| $\vec{B}$ | Magnetische Induktion (Flußdichte) | $Vs/m^2 = T$ |
| $C$ | Kapazität | $F = As/V$ |
| $\vec{D}$ | Dielektrische Verschiebungsdichte | $As/m^2$ |
| $d$ | Durchmesser | $m$ |
| $\vec{E}$ | Elektrische Feldstärke | $V/m$ |
| $e$ | Elementarladung | $As$ |
| $\vec{F}$ | Kraft | $N$ |
| $f$ | Frequenz | $s^{-1}$ oder $Hz$ |
| $G$ | Wirkleitwert | $S$ |
| $\vec{H}$ | Magnetische Feldstärke | $A/m$ |
| $I$ | Stromstärke | $A$ |
| $i$ | Momentanwert der Stromstärke | $A$ |
| $j$ | Imaginäre Einheit | |
| $L$ | Induktivität | $H = Vs/A$ |
| $l$ | Länge | $m$ |
| $m$ | Masse | $kg$ |
| $N$ | Windungszahl | |
| $n$ | Drehzahl | $min^{-1}$ |
| $P$ | Wirkleistung | $W$ |
| $P_V$ | Verlustleistung | $W$ |

| Formelzeichen | Größe | Einheit |
|---|---|---|
| p | Momentanwert der Wirkleistung | W |
| Q | Blindleistung | var = VA |
| Q | Ladung | As |
| q | Momentanwert der Ladung | As |
| R | Widerstand | $\Omega = V/A$ |
| $R_i$ | Innenwiderstand | $\Omega$ |
| r | Radius | m |
| S | Scheinleistung | VA |
| S | Stromdichte | $A/m^2$ |
| s | Weg | m |
| T | Periodendauer | s |
| T | absolute Temperatur | K |
| t | Zeit | s |
| U | Spannung | V |
| $U_q$ | Quellenspannung | V |
| u | Momentanwert der Spannung | V |
| ü | Übersetzungsverhältnis eines Trafos | |
| v | Geschwindigkeit | m/s |
| W | Arbeit, Energie | Nm = Ws |
| $W_e$ | Energieinhalt des elektrischen Feldes | Ws |
| $W_m$ | Energieinhalt des magnetischen Feldes | Ws |
| X | Blindwiderstand | $V/A = \Omega$ |
| $X_C$ | Kapazitiver Blindwiderstand | $V/A = \Omega$ |
| $X_L$ | Induktiver Blindwiderstand | $V/A = \Omega$ |

| Formelzei-chen | Größe | Einheit |
|---|---|---|
| $Y$ | Scheinleitwert | $A/V = S$ |
| $Z$ | Scheinwiderstand | $V/A = \Omega$ |
| $\alpha$ | Winkel | |
| $\alpha_{20}$ | Temperaturbeiwert bei $\varrho = 20°\,C$ | $K^{-1}$ |
| $\epsilon$ | Dielektrizitätskonstante | $As/Vm$ |
| $\epsilon_r$ | Relative Dielektrizitätskonstante | |
| $\epsilon_0$ | Dielektrizitätskonstante des Vakuums | $As/Vm$ |
| $\eta$ | Wirkungsgrad | |
| $\vartheta$ | Temperatur (Celsius) | $°\,C$ |
| $\mu$ | Permeabilität | $Vs/Am$ |
| $\mu_r$ | Relative Permeabilität | |
| $\mu_0$ | Permeabilität des Vakuums | $Vs/Am$ |
| $\varrho$ | Spezifischer Widerstand | $\Omega m$ |
| $\kappa$ | Leitfähigkeit | $S/m$ |
| $\tau$ | Zeitkonstante | $s$ |
| $\tau$ | Streufaktor | |
| $\Phi$ | Magnetischer Fluß | $Vs = Wb$ |
| $\varphi$ | Phasenverschiebungswinkel | |
| $\omega$ | Kreisfrequenz ($2\pi f$) | $s^{-1}$ |

**Anhang D:    Literaturhinweise**


**Benzinger H., Weyh U.:** Die Grundlagen der Gleichstromlehre
R. Oldenbourg Verlag, München/Wien


**Berber J., Kacher H., Langer R.:**    Physik in Formeln und Tabellen
B.G. Teubner, Stuttgart


**Busch R.:** Elektrotechnik und Elektronik für Maschinenbauer und Verfahrenstechniker
B.G. Teubner, Stuttgart


**Dietmeier U.:** Formelsammlung der Elektrotechnik
R. Oldenbourg Verlag, München


**Flegel G., Birnstiel K.:**    Elektrotechnik für den Maschinenbauer
Carl Hanser Verlag, München/Wien


**Frohne H.:** Einführung in die Elektrotechnik (Band 1 - 3)
B.G. Teubner, Stuttgart


**Hammer A., Hammer K.:** Taschenbuch der Physik
J. Lindauer Verlag, München


**Krämer H.:**   Elektrotechnik im Maschinenbau
Friedr. Vieweg & Sohn, Braunschweig/Wiesbaden


**Linse H.:**   Elektrotechnik für Maschinenbauer
B.G. Teubner, Stuttgart


**Moeller F., Frohne H., Löcherer K.H., Müller H.:** Grundlagen der Elektrotechnik
B.G. Teubner, Stuttgart


**Paul R.:** Elektrotechnik (Band I und II)
Springer-Verlag, Berlin, Heidelberg, New York, Tokyo


**Weyh U., Benzinger H.:** Die Grundlagen der Wechselstromlehre
R. Oldenbourg Verlag, München/Wien


**Zastrow D.:**   Elektrotechnik
Friedr. Vieweg & Sohn, Braunschweig/Wiesbaden